农业固体废物
厌氧消化处理技术

杨　茜　鞠美庭　著

化学工业出版社

·北京·

《农业固体废物厌氧消化处理技术》在厌氧消化的原理和原料特性分析基础上，以北方典型的玉米秸秆为研究底物，针对秸秆在厌氧消化过程中存在的原料生物降解率低、产气效率低、厌氧消化装置启动时间长、缺乏适宜的接种物等问题，从驯化适合秸秆厌氧消化产沼的接种物、探索绿色高效的预处理技术以及阐明外源氮对秸秆降解的影响机制三方面分别进行研究。本书的研究结果可为农作物秸秆厌氧消化产沼技术的优化提供参考，有助于推动新农村的建设和生物质固体废物的能源化利用，实现农村、农业的可持续发展。

《农业固体废物厌氧消化处理技术》可供从事固体废物资源化利用、研究、生产和经营管理的人员使用，也可供高等学校再生资源科学与技术、环境科学、环境工程及相关专业师生参考阅读。

图书在版编目（CIP）数据

农业固体废物厌氧消化处理技术/杨茜，鞠美庭著.
—北京：化学工业出版社，2019.6
ISBN 978-7-122-34151-8

Ⅰ.①农…　Ⅱ.①杨…　②鞠…　Ⅲ.①农业废物-固体
废物-厌氧消化-厌氧处理-研究　Ⅳ.①X710.5

中国版本图书馆 CIP 数据核字（2019）第 053879 号

责任编辑：满悦芝　　　　　　　　　　　文字编辑：焦欣渝
责任校对：张雨彤　　　　　　　　　　　装帧设计：张　辉

出版发行：化学工业出版社（北京市东城区青年湖南街 13 号　邮政编码 100011）
印　　装：三河市延风印装有限公司
710mm×1000mm　1/16　印张 9½　字数 154 千字　2019 年 9 月北京第 1 版第 1 次印刷

购书咨询：010-64518888　　售后服务：010-64518899
网　　址：http://www.cip.com.cn
凡购买本书，如有缺损质量问题，本社销售中心负责调换。

定　　价：49.00 元

前 言

  当今的世界文明是建立在化石燃料大量消耗的基础上的。在化石燃料日益枯竭、全球能源危机日趋加重的今天，化石燃料开采、运输和使用的成本都在不断攀升，由此导致的资源短缺、生态退化、环境污染、灾害频发、粮食安全是目前世界各国发展中存在的重要问题。未来科技与社会的发展导致对资源的激烈竞争，以农作物秸秆为典型代表的农业固体废物备受国内外学者的关注。

  农作物秸秆中蕴含大量的生物质能，若能将其加以有效回收利用，不但可以解决农作物秸秆的处理问题，还有望获得新能源。厌氧消化技术，可以将农作物秸秆能源化、资源化再利用，清洁环保，能实现固体废物处理和能量回收，产生清洁能源，是一种极具前景的可持续的固体废物处理技术，已成为目前生物质固体废物处理领域的研究热点。

  厌氧消化技术处理农作物秸秆，虽然目前在国内外已取得众多的研究成果，但大多数仅限于实验室规模，中试及大规模应用还存在很多问题。为此，本书基于目前国内外最新研究成果，在厌氧消化的原理和原料特性分析的基础上，以北方典型的玉米秸秆为研究底物，针对秸秆在厌氧消化过程中存在的原料生物降解率低、产气效率低、厌氧消化装置启动时间长、缺乏适宜的接种物等问题，从驯化适合秸秆厌氧消化产沼的接种物、探索绿色高效的预处理技术以及阐明外源氮对秸秆降解的影响机制三方面分别进行研究。为了获得适合秸秆厌氧消化的接种物，提高装置的消化启动时间，利用微晶纤维素对普通接种物进行了驯化，观察了消化系统的稳定性、缓冲性和产气结果，利用验证试验探明了定向驯化接种物的效果；通过构建高效、绿色的预处理方法提高秸秆的可生物降解性以及产气效率，观测了预处理对秸秆物化性质和产气效果的影响，分析了预处理方法影响产气的原因和优化的方法；为了进一步提高产气效率和产气量，针对共发酵中外源氮对秸秆降解的影响，分析了外加可溶性氮源对厌氧消化体系中的微生物激发效应。本书的研究结果可为农作物秸秆厌氧消化产沼技术的优化提供参考，有助于推动新农村的建设和生物质固体废物的能源化利用，实现农村、农业的可持续发展。

本书的出版得到了国家重点研发计划"农业面源和重金属污染农田综合防治与修复技术研发"项目（2018YFD080083-03）、滨州学院博士科研启动项目（2017Y23）和滨州学院种子基金"L-精氨酸生物发酵过程中废水、废渣的资源化利用"项目（BZXYzz55201701）的资助。同时，在本书的撰写过程中，得到了滨州学院领导和同事们的关心和鼓励，在此一并表示深深的谢意！书中参考了大量国内外的专著和资料，书末列出了参考文献，笔者也向相关作者表示由衷的感谢。

由于笔者的水平有限，书中难免存在不足之处，敬请读者批评指正。

笔者
2019 年 5 月

目 录

1　绪论

2　接种物的驯化

3　微波辅助 MgO/SBA-15 预处理试验研究

4　Ca(OH)$_2$ 固态温和预处理试验研究

5　固态温和预处理条件优化

略缩语

AD，anaerobic digestion/厌氧消化

BMP，biochemical methane production after four days of incubation by VS in four days of incubation at (37.0±0.5)℃ (L/kg) /在 (37.0±0.5)℃时产气 4d 的生化甲烷产量 (L/kg)

B_d，anaerobic biodegradability of substrates/底物的厌氧生物降解性

CM，cow manure/牛粪

C/N ratio，carbon/nitrogen ratio/碳氮比

COD，chemical oxygen demand/化学需氧量

CS，corn stover/玉米秸秆

DS，dewatered sludge/脱水污泥

EMY，experimental methane yield/试验甲烷产量

HRT，hydraulic retention time/水力停留时间

MCC，microcrystalline cellulose/微晶纤维素

NH_4^+-N，ammonia nitrogen/铵态氮

OLR，organic loading rate/有机负荷率

$P_{net}(t)$，represents the cumulative methane yield at time t，mL/g/t 时的累积甲烷产量 (mL/g)

P_{max}，is the ultimate methane yield，mL/g/最终甲烷产量 (mL/g)

R^2，correlation coefficient/相关系数

R_{max}，refers to the methane production rate，mL/d/甲烷产率 (mL/d)

Semi-CSTR，semi continuous stirred-tank reactor/半连续搅拌反应器

SCOD，soluble chemical oxygen demand/可溶性化学需氧量

t，represents the anaerobic digestion time (d or h) /厌氧消化时间 (d 或 h)

TA，total alkalinity/总碱度

TMY，theoretical methane yield/理论甲烷产量

TS，total solid/总固体

T_{90}，is defined as the time required for methane production to reach 90% of ultimate methane yield/甲烷产量达到总甲烷产量 90% 所需的时间

VS，volatile solids/挥发性固体

VS_S，the VS value of substrate/发酵底物挥发性固体值

VS_I，the VS value of inoculum/接种物挥发性固体值

VFA，volatile fatty acids/挥发性脂肪酸

λ，lag phase time（d）/迟滞期时间（d）

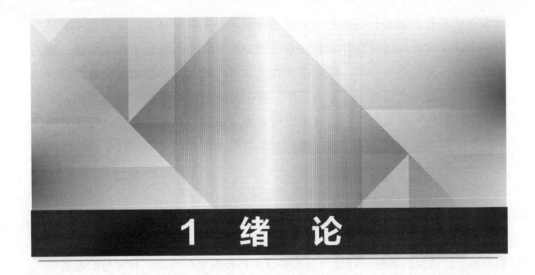

1 绪 论

1.1 研究背景和意义

能源是人类赖以生存和发展的物质基础。过去，化石能源（煤、石油、天然气）支撑了全球经济的发展。在化石燃料日益枯竭，全球能源危机日趋加重的今天，能源紧缺和环境污染问题已经成为世界各国面临的两大主要难题。可持续的经济和工业的增长需要可再生能源的支持，并逐步减小对化石燃料的依赖。随着世界各国经济与环保产业结构及相关政策的调整，未来科技与社会发展对资源的竞争，尤其是对来源丰富、可再生且无污染的木质纤维素类生物质资源的竞争更加激烈[1]。为避免与人争粮生产新能源，人们将更多的视线转移到了生物质固体废物的合理利用上。其中，农作物秸秆作为木质纤维素类生物质的典型代表备受国内外学者的关注[2,3]。

农业生态系统作为自然生态系统的重要组成部分，也是重要的大气碳源，与人类的关系最密切。农作物通过光合作用，把二氧化碳固定到作物体内，用于自身的生长。收割果实后，剩余作物植株作为固体废物被丢弃。中国作为传统的农业生产大国，各类农作物秸秆资源丰富、分布广泛，其中，水稻秸秆、玉米秸秆和小麦秸秆是最主要的三大农作物秸秆[4,5]。据不完全统计，2015年和2016年中国的农作物秸秆产量分别达到8.5亿吨和7.9亿吨[6,7]。然而近几年，中国北方地区大范围出现持续性雾霾天气，根据文献报道[8]，这和农作物秸秆大面积焚烧有密切关系。目前，受人民生活方式与消费观念的影响，中国大部分地区对农作物秸秆常见的处理方式为：直接还田、堆弃、就地焚烧或与畜禽粪便沤肥等。但无论是直接还田，还是堆弃、就地焚烧，这些处置方法不仅造成土壤板结、肥力下降、微生态环境遭到破坏、出苗率低，还会影响道路通行、环境美观，造成生物质能源及热量资源的浪费和大气环境的污染[9-11]。由此造成的一系列涉及环境、经济以及生态的问题，已经成为社会普遍关注的热点和难点。

农作物秸秆作为生物质能中重要的一部分，其中蕴含大量的化学能。若能将农业生产过程中产生的大量农作物秸秆进行合理的资源化和能源化利用，既能缓解能源危机，缓和农村经济发展与能源及环境之间的矛盾，又能实现能源的回收利用和节能减排的目标，还能为当前农作物秸秆的处理提供一种可行的办法[12]。

厌氧消化（anaerobic digestion，缩写为 AD）产沼技术，可以将农作物秸秆进行资源化、能源化利用。在厌氧微生物的作用下可将农作物秸秆转化为清洁能源——沼气。厌氧消化后的沼渣、沼液还可以用作有机肥还田再利用。根据"十三五"规划的内容[13]，农作物秸秆的资源化、能源化利用对促进中国能源结构转变具有深远的影响，符合中国当前的能源政策[5,11,14]，也是中国大力倡导发展的技术之一[9,13,15]。

虽然秸秆厌氧消化产沼不是一个新课题，中国现有秸秆沼气示范工程较多，但该技术在实际推广应用中依然存在很多问题，如秸秆预处理的成本高、缺乏优势工程菌株、秸秆利用率低等。解决这些工程中出现的问题，对加快秸秆沼气工程的推广应用，有重要意义。

1.2 厌氧消化技术及其研究进展

1.2.1 厌氧消化技术概述

厌氧消化技术，是微生物在厌氧条件下分解代谢有机物，通过小分子有机酸（乙酸、丙酸、丁酸等）和能量来满足自身生长繁殖，同时将乙酸、氢气等物质转化为甲烷和二氧化碳的过程[16,17]。

当今的世界文明是建立在化石燃料大量消耗的基础上的。在化石燃料日益枯竭、全球能源危机日趋加重的今天，化石燃料的开采、运输和使用的成本都在不断攀升，由此导致的资源短缺、生态退化、环境污染、灾害频发、粮食安全等问题是目前世界各国发展中存在的重要问题。而厌氧消化技术是极具开发前景的绿色可再生能源利用技术，该技术具有其他新能源开发技术无法比拟的优点：

① 利用厌氧微生物分解代谢生物质固体废物中的有机物，产生的沼气经过提纯可用于并网发电、居民集中供气，产生的甲烷在一定程度上能够部分代替化石燃料的功能，同时还能起到减排（减少二氧化碳）的效果，实现生物质固体废物的资源化、能源化利用；

② 生物质固体废物经过厌氧发酵后实现了减量化利用，剩余的沼液、沼渣易于进行堆肥化处理制备优良的液体肥料或固体肥料，实现固体废物的二次再利用；

③ 经过厌氧发酵后的沼液、沼渣中的病原微生物残留减少，免疫学安全性提高，回田再利用风险降低；

④ 厌氧发酵还能产生氢气，氢气在化工、航天燃料、燃料电池等行业都有广泛的用途，扩展了生物质固体废物在新能源领域的应用途径；

⑤ 厌氧发酵不仅能回收能源，还能通过资源的物质循环减少环境污染和环境负荷，对建设循环型社会有重要意义；

⑥ 厌氧发酵在经济上也有重要意义，利用生物质固体废物产生的能源——甲烷，有利于解决农村地区用能和种植业污染问题，缓解能源危机，缓和农村经济发展与能源及环境之间的矛盾；

⑦ 原料来源广泛，可充分利用储能丰富的生物质能，包括生物质固体废物在内；

⑧ 常压下进行，安全性好，应用面广；

⑨ 微生物在生物质能源的转化和利用上起桥梁的作用，从自然界选取菌种和适宜的发酵底物，具有产气成本低等优势。

从古代，人们就知道沼泽、湖泊、河底能产生可燃性气体。过去，由于人们对沼气成分、可生物降解的底物以及参与反应的微生物了解不深，长期以来未得到人们足够的重视。随着全球能源紧缺与环境污染的日趋严重，各国在传统的化石能源的利用方式、环境污染的治理及温室气体的减排等方面也面临着巨大的压力。将厌氧消化技术引入农业废弃物甚至于生物质固体废物（如城市污泥、餐厨垃圾等）的处理领域，使生物质固体废物重新焕发了生机，具有了资源化再利用价值。目前，关于 AD 的研究已成为环境领域的研究热点。经过全世界研究者的不断努力（图 1-1），农作物秸秆的产气效率不断提高。随着研究的不断深入，AD 的产气效率还在不断提高，应用范围逐渐扩大，一旦成功应用于生产实践活动，必将给环境工程领域及新农村建设带来新的变革，产生不可估量的经济、环境和社会效益。

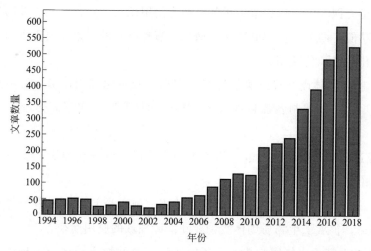

图 1-1　1994～2018 年 Elsevier 收录的以 AD 为主题的文章数量变化

1.2.2　厌氧消化的基本理论

厌氧消化的理论经过发展，目前普遍被学者接受的是三阶段和四阶段理论。三阶段理论[16,18,19]是由布莱斯特等人提出的，其主要包括：水解、酸化阶段；产氢产乙酸阶段；产甲烷阶段。四阶段理论在三阶段理论基础上，将水解、酸化阶段划分为 2 个阶段。在水解、酸化阶段，各种各样的复杂聚合物（包括纤维素、半纤维素等）先由水解细菌水解成单一或相对较复杂的多糖化合物，然后由酸化细菌进一步将单一或较复杂的化合物降解，生成各种挥发性有机酸（甲酸、乙酸、丙酸、丁酸、戊酸等）。在产氢产乙酸阶段，主要有两大阶段。产乙酸阶段，即产酸菌进一步将各种挥发性有机酸降解为乙酸、CO_2 和 H_2，其中乙酸为主要的产物；在同型产乙酸阶段，主要由同型产乙酸菌将氢气与二氧化碳转化为甲烷。在产甲烷阶段，产甲烷菌主要利用乙酸、氢气、二氧化碳、甲酸、甲醇及甲基胺等简单的物质产生甲烷和合成自身的细胞物质；在产甲烷菌代谢过程中，二氧化碳是生成的主要气体。

4

厌氧消化的 3 个阶段没有明显的界限，上一阶段的产物是下一阶段的底物，微生物间通过协同作用、拮抗作用共同维系厌氧消化微生物群落的稳定性，任何一个阶段的微生物数量发生变化，对最终的产甲烷都是不利的。图 1-2 为农作物秸秆厌氧消化中的物质、微生物随过程变化的概要。

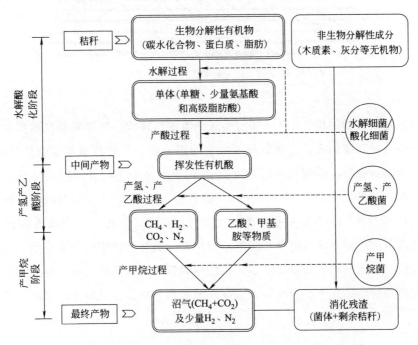

图 1-2　农作物秸秆厌氧消化中物质、微生物的变化概要

------微生物参与对应阶段；——物质流向

1.2.3　影响厌氧消化的因素

1.2.3.1　秸秆的组成结构

秸秆主要是由纤维素、半纤维素和木质素组成的，其次是脂肪、蛋白质、氨基酸、蜡质等物质。另外，秸秆中还含有少量的钙、镁、氮、磷、钾等元素[20]。在秸秆结构中（如图 1-3 所示），纤维素为骨架，半纤维素和木质素则是填充在纤维素之间的"黏合剂"[16,18,21]，木质素将纤维素和半纤维素包裹，外面还有一层蜡质覆盖。这个特殊的结构使得微生物和酶很难与纤维素、半纤维素接触，最终导致纤维素和半纤维素的水解成为秸秆生物降解的限速步骤。

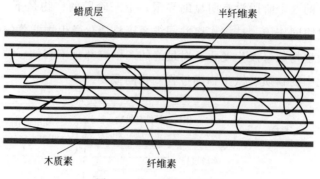

图 1-3　秸秆结构示意图

（1）纤维素的结构　图 1-4 所示为纤维素的结构式。纤维素是自然界中分布最广泛的一种含碳物质，主要分布于植物的细胞壁，是秸秆最主要的化学成分。纤维素为网状骨架，排列规则，是由 D-葡萄糖以 β-1,4-糖苷键组成的线状高分子化合物，分子量约 50000～2500000，相当于 300～15000 个葡萄糖基，聚合度 7000～10000[16]。纤维素主要依靠微生物进行降解，先由水解菌将其降解为多糖，然后再由产酸菌将其进一步降解成有机酸，最终在产甲烷菌的作用下生成甲烷。其结晶区因结构致密难以降解，从纤维素到葡萄糖的转化速率较葡萄糖到挥发性脂肪酸的转化速率要慢得多，因此纤维素的分解是全过程速率限制因子。

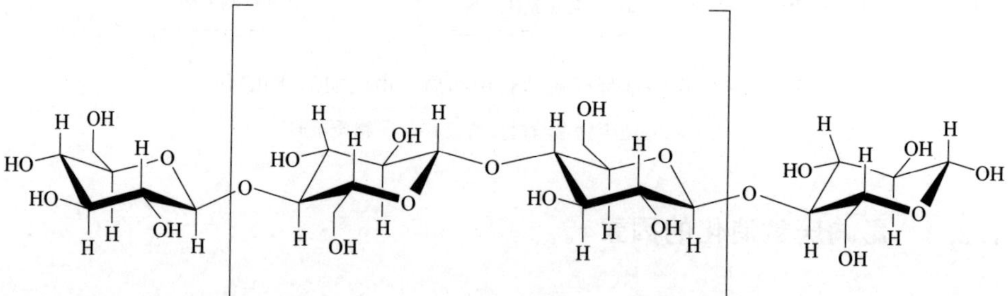

图 1-4　纤维素的结构式

（2）半纤维素的结构　图 1-5 所示为半纤维素的结构式。构成植物细胞壁的第二大碳水化合物（糖类）是半纤维素，它分布于植物细胞的各个部分，含量仅次于纤维素。半纤维素是无定形物质，是由各种糖单元相互连接形成的具有支链的高分子聚合物，是复合聚糖的总称。因原料不同（不同植株，或同一植株的不同生长期等），半纤维素的组分、结构也不同。构成半纤维素的糖基主要有 D-木糖、D-甘露

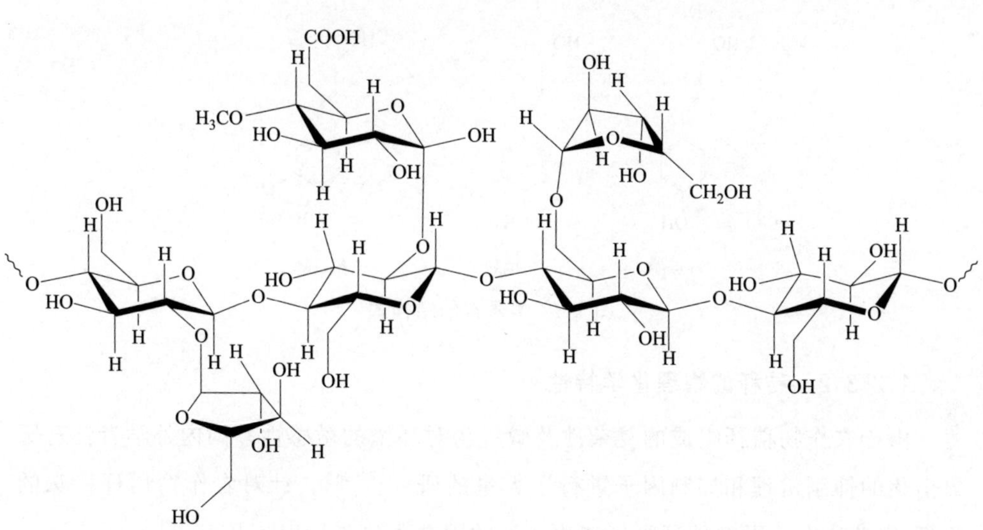

图 1-5　半纤维素的结构式

糖、D-葡萄糖、D-半乳糖、O-甲基化的中性糖、L-阿拉伯糖、4-O-甲基-D-葡萄糖醛酸以及少量的 L-鼠李糖、L-岩藻糖等[22]。有的还含有酸性多糖，如葡萄糖醛酸。根据化学结构组成，半纤维素通过氢键、范德华力等非共价键与纤维素连接；以共价键（主要是 α-苯醚键）与木质素连接[22]。目前还未有关于半纤维素和纤维素通过共价键连接的报道。天然半纤维素为非结晶态，聚合度（degree of polymerization，简称 DP）较低（80～200），易吸水润胀，可用水和碱溶液提取。纤维素、半纤维素和木质素通过各种化学键交叉组合，加之表层有蜡质包裹，秸秆通过普通粉碎预处理很难为微生物提供附着位点并使其降解，因此很多学者提出用各种预处理方法按需求对半纤维素进行水解或消除。通过酸性或碱性溶液，可以提取木聚糖；对于葡聚甘露糖等部分杂多糖则需要在强碱性环境下才能提取出来。

（3）木质素的结构　图 1-6 所示为木质素的结构式。木质素主要分布于植物细胞的胞间层和次生壁中，且以次生壁为主。木质素是由 3 种苯基丙烷结构单元（C_6—C_3）通过醚键、碳—碳键连接而成的芳香族的高分子聚合物[16,21]。3 种苯基丙烷结构单元具体包括愈创木基丙烷、紫丁香基丙烷和对羟苯基丙烷。木质素是一种复杂的、非结晶型的三维网状高分子聚合物；具有三维立体结构；有芳香族特性；不溶于水、酸和中性溶剂，只能溶于碱[16]。木质素与纤维素、半纤维素等组分有机地结合。它的存在关系着纤维素的分解效率高低。木质素能阻止微生物（细菌、真菌等）的渗透，不能转化为糖类，是最难以被微生物降解利用的。

7

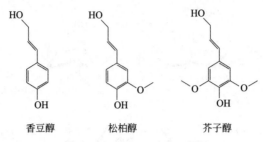

香豆醇　　　　松柏醇　　　　　芥子醇

图 1-6　木质素的结构式

1.2.3.2　秸秆的物理化学特性

由于农作物秸秆组成的复杂性及微生物对环境的敏感性，国内外学者针对厌氧消化的抑制机理和抑制因子进行了大量的研究[24-26]。针对农作物秸秆特殊的物理-化学特性，影响秸秆厌氧消化产气的因素主要包括以下几点[23]：

• 农作物秸秆密度小、体积大，进入发酵罐后很快形成浮渣层，影响气、液、固三相的传质、传热和流动性，气体释放困难，增加了安全风险发生率；

• 形成的固液分层易导致物料与接种物接触不充分，反应器内传热、传质不均匀，消化条件不易控制，进而影响微生物群落条件反射（如有机酸局部大量积累）或水解不充分导致底物黏滞性高；

• 秸秆 C/N 值偏高、微量元素缺乏，提供给微生物生长的营养不均衡；

• 秸秆中木质素含量高，亲水性基团少，不溶于水和一般溶剂，对酶降解和微生物水解有很强的抗性，使得微生物不能有效利用木质素；

• 秸秆较小的比表面积和致密的厚壁细胞组织、纤维素内的结晶区结构以及木质素与其他聚合物的共价键连接使酶及微生物的吸附、降解性差，水解阶段是农作物秸秆厌氧消化的限速步骤，对秸秆进行适当预处理很有必要，但预处理带来的高成本、高能耗，使其失去推广价值；

• 农作物秸秆体积大，易吸水，不具有流动性，进出料困难，容易导致泵和排渣管道的严重堵塞，设备故障率高；

• 消化初始阶段（尤其是高负荷条件下），纤维素、半纤维素的水解易产生酸的消耗不平衡，引起酸积累，造成酸中毒现象，影响正常运行。

1.2.3.3　影响产气的环境参数

最重要的环境参数包括温度、pH 值、碱度（alkalinity）、底物挥发性固体（VS）负荷率和氧化还原条件[27,28]。在发酵启动阶段就必须适当地控制这些环

8

境参数以期为微生物提供适宜的生长、繁殖环境，实现混合群落的控制。

外界环境条件决定了微生物适宜的生长范围和产甲烷潜能。系统地研究每个环境因素对农作物秸秆厌氧消化产甲烷特性的影响，为产沼实际应用提供充足的理论依据，对实现产沼的可控化、深入探讨厌氧消化的反应机理有重要的意义。针对最适环境条件的探索，国内外学者做了许多研究。随着研究的深入及产气规模扩大化，由温度变化引发的问题引起了学者的关注。碳水化合物降解过程中会放热，底物的高能量密度、传质传热不均连同高负荷率，都有可能引起发酵罐内温度的短期突变，导致温度升高并超出其最佳温度范围，从而引起微生物群落的严重紊乱并导致产气效率大幅降低[29]。这种自发热效应引起的温度变化会伴随着甲烷生成而逐渐停止，且这种现象在实际沼气工厂运行中普遍存在。无论如何改进发酵条件，充分了解秸秆厌氧消化过程中温度变化对产气的影响都是有必要的。

1.2.3.4 影响产气的过程因素

重要的发酵条件包括底物浓度、养分比例（C：N：P）、水力停留时间、接种物/底物（inoculum-substrate ratio，ISR）、微生物营养需求、微生物适应能力、挥发性脂肪酸（VFA）和副产物（NH_4^+、H_2S）等[18,27,30]。在厌氧消化过程中，若有机或无机的有毒物质存在于发酵底物中，抑制了微生物的活性，极易造成最终甲烷产量的降低。众多文献报道表明：底物中含有大量的、高浓度的、形式多样的抑制物（秸秆厌氧消化产气主要是以有机酸的形式积累），这些物质通过协同作用、拮抗作用、络合作用等机制会对各类微生物种群产生显著的抑制现象。尤其是秸秆作为单一底物的厌氧消化过程中，无法平衡产酸菌和产甲烷菌这2个微生物群落是导致整个产沼系统不稳定的主要原因。当环境条件有所改变时，由于产酸菌和产甲烷菌所需的营养底物、生长动力学以及对环境条件的敏感性不同，产酸和产甲烷阶段的影响因素各有差异，微生物群落也会有相应变化[31]。

1.2.3.5 工程应用中的局限性

从总体上看，相比于以畜禽粪便等易消化物料为底物的成熟传统沼气工艺，秸秆沼气对厌氧消化工艺的要求更高。实践经验表明秸秆厌氧消化工艺的缺陷可能是由于以下几种原因造成的[11,15,24,32]：

（1）原料来源及局限性　中国主要的三大农作物秸秆是水稻秸秆、小麦秸秆和玉米秸秆。其次还有一部分棉秆、甘蔗秆和油料作物秸秆等。其中，稻秆、麦秆和玉米秆的产量占农作物秸秆总产量的 75％ 以上，其巨大的产量是农作物秸秆沼气发酵的主要来源[33]。中国是典型的农业生产大国，农作物秸秆的分布具有典型的地域性和季节性。北方地区主要以玉米秆、麦秆和棉秆为主；南方地区主要以稻秆、甘蔗秆、麦秆和油料作物秸秆为主。由于不同地区的农作物秸秆种类、产量和收获时间不同，沼气原料的选择需要因地制宜。例如，天津主产玉米，天津市静海区南柳木村秸秆沼气工程的底物以玉米秸秆为主；四川主产水稻，新津县秸秆沼气集中示范工程的底物以稻秆为主。

目前国内外利用能源作物（主要是三大常见农作物秸秆）作为主要发酵原料用于厌氧消化产沼气的推广，多采用的是青贮秸秆[5,33]。在中国，由于受到农作物秸秆堆放场地和严苛的收割时间的限制，农作物秸秆若不能及时收割、进行青贮预处理，回收的农作物秸秆多有干黄化及霉变的现象。将干黄化的秸秆用于产气效果评估暂无相对成熟的工艺，且缺乏理论研究。

（2）预处理　农作物秸秆中的主要成分是纤维素、半纤维素和木质素。三者相互缠绕，构成致密的空间结构，外层覆盖蜡质，使其不易被微生物及酶直接降解、利用，在产沼之前要进行适当预处理。农作物秸秆传统的预处理方法，有机负荷率很低（固液比＜1∶5）[34]，在实际工程应用推广中存在很多问题：能耗高，处理成本高，产生的废液容易造成二次环境污染，设备要求高（耐高压、防腐蚀等）。为降低预处理成本及能耗，目前中国现有示范工程中秸秆多采用青贮或沼液浸泡的常规预处理方法。其中青贮对秸秆收割时间有严格要求；沼液浸泡可能会带来二次环境污染。且两种预处理方法占地面积较大，预处理时间长，无法很好地满足大规模秸秆沼气系统。

目前，秸秆沼气示范工程的原料预处理研究还处于初步研究阶段，工程上普遍存在干物质转化率低、进出料难等问题。为了提高预处理效率，采用物理的、化学的、生物的或者联合的方法，其预处理时间长、生物质粒径过小，由此带来的能源供应要求高，在实际应用中很难推广。

（3）产气量低，热电联产应用少　厌氧消化产沼的高效运行主要取决于活性高的接种物和高效反应器。根据笔者前期调研结果，市售厌氧消化装置虽存在许多弊端，但工艺相对成熟。而高效接种物存在购买难、运输距离远、成本高的缺陷。要培育出活性高、适合秸秆厌氧消化产沼的接种物是厌氧反应器高效运行的关键，也是目前大中型沼气工程普遍存在的一个问题。

德国沼气工程的平均池容大约是 $1000m^3/$ 处，而中国沼气工程的平均池容为 $283m^3/$ 处，德国的平均池容是中国平均池容的 3.5 倍。德国 98% 的沼气工程是热电联产，其优势是即使在冬季气温低于 $-20℃$，沼气工程仍然能够运行良好[35]。根据调研，中国秸秆沼气示范工程常采用常温发酵，热电联产比率低，甚至北方很多地区冬季停止运行。德国沼气工程的发酵原料单一，很多能源作物、有机副产品的厌氧发酵效率高于畜禽粪便。中国沼气工程的发酵原料以单一秸秆为底物的示范工程较少，多以畜禽粪便为主，且热电联产应用较少。

（4）整体技术水平低　目前中国秸秆沼气示范工程大多沿用畜禽粪便沼气工程技术等常规性厌氧发酵工艺，水力停留时间较长（工程上常规的秸秆厌氧消化周期一般需要 $70\sim90d$）、装置启动慢、产气效率低、原料浪费严重，加之配套设施不完善，使装置使用寿命有限、稳定性差，这是中国秸秆沼气示范工程中普遍存在的问题。而国外秸秆沼气工程的工艺和技术装备相对趋于成熟，设计标准化、产品系列化、生产工业化，模型预测、自动化等工具广泛应用于大中型沼气工程。中国在沼气工程设备方面还有一些瓶颈，如高效固液分离装置、高浓度输送泵和管道、良好的搅拌装置和动力配置等。

1.2.3.6　秸秆产沼理论的不足

厌氧消化是一个复杂的生化过程。厌氧消化当前的研究点主要集中在提高产气量、气体转化和改进整个能量转化系统 3 个方面。从物质和能量的平衡、净能量平衡、热力学方程等角度阐释秸秆产甲烷的相关内容还很欠缺，对秸秆在厌氧消化条件下的降解特性及微生物群落的变化了解还不够彻底。例如，秸秆水解前期和后期的速率不同（前期由部分可水解的糖类和部分半纤维素引起的快速水解，后期由较难降解的半纤维素和纤维素引起的慢速降解），为探讨反应机理，应建立对应的三素降解动力学模型，完善秸秆降解机制，阐明厌氧消化的反应规律和动力学特征，为秸秆厌氧消化的工艺优化提供必要的理论依据。

厌氧消化过程中，原核微生物群落一直是受到关注最多的，但很少有人研究参与消化作用的真核生物——主要是真菌和原核生物[24]。根据大量文献报道[36]，秸秆厌氧消化的所有工况在整个发酵过程中，日产气量出现明显的“双峰”现象，且第一峰要高于第二峰，但第二峰的 CH_4 含量要高于第一峰（一般在 $60\%\sim80\%$），参照降解过程中气体组分和底物组分的变化，微生物群落更替报道较少，对此现象至今没给出合理的解释。

实验室开展的多以序批试验为主（更适合评估同性质底物的水解速率及生物

降解性），而工程上多采用连续搅拌釜式反应器（continuous stirred-tank reactor，CSTR）和覆膜槽秸秆厌氧消化工艺（membrane continuous tank，MCT）等发酵工艺[33]。根据 Buswell 公式，关于产甲烷潜能的测试，假设底物所有含碳物质完全转化为 CH_4 和 CO_2，可得理论产气量。但由于木质素不能被厌氧菌降解以及受其他营养元素匮乏的限制等因素，产生的 CH_4 气体存在于气相中，部分 CO_2 因溶解存在于液相，导致最终 CH_4 比化学计量计算值高，CO_2 值偏低，对于理论值与实际值之间的相关性是否会随着发酵体积的扩大而改变，并未给出解释，序批试验及中试试验所得结果与理论值往往出入较大，可参考性差。随着单一秸秆厌氧消化产甲烷工程的逐步扩大，发酵过程中是否要调节 C/N 的问题日显突出。但大量经验和数据表明，秸秆自身 C/N 对厌氧消化的影响并不那么严格。但面对工程应用，最佳发酵条件尚不清楚[37]。

中国的秸秆沼气工程刚起步，随着秸秆沼气工程规模的不断扩大，远程在线监测、自控设施等措施还远不能满足生产需求，尚需完善用于供科研人员参考的相关性能指标及相关标准，加强理论基础研究。

1.2.4 提高产气量的研究现状

目前，国内外关于秸秆厌氧消化产甲烷的研究报道较多，在提高原料的可生物降解性、提高产气效率和优化/改进设备等方面涉及较多，发酵参数的相关参考标准是已有的。目前要考虑的是技术上的瓶颈和不足。基于大量文献的报道，针对当前秸秆厌氧消化产沼技术上的不足，其改进、优化的方法整理如下：

1.2.4.1 接种物

自然界中产甲烷菌的来源广泛，如反刍动物的瘤胃，稻田、湖泊或海底的沉积物，厌氧消化后的产物如厌氧消化污泥，以及人类的消化系统等。应用中常见的接种物有：厌氧消化后的禽畜粪便、消化污泥、食草动物瘤胃胃液、草炭、河床底泥、人工微生物菌剂等[38]。好的接种物能提高沼气产量、气体品质、对底物的适应性和缩短产气启动时间[39]。由于产甲烷菌是决定甲烷产气量多少的关键因素，针对接种物开展相关的研究很有必要。

（1）让接种物更有针对性　接种物的不同来源或驯化方法会影响微生物的菌群结构和对底物的适应性[40]。许多报道中提到，牛瘤胃液是秸秆厌氧消化的最佳接种物，然而牛瘤胃液的提取复杂，且产生量很难满足工程的需求[41]。畜禽粪便与不同底物联合厌氧消化过程中都有很好的适应性且甲烷产量很高，它们可以作为秸秆厌氧消化的良好接种物[42,43]。而厌氧消化污泥虽然产气量也很高，但污泥里的微生物种群对纤维素类物质的亲和力较牲畜粪便差[6]。为了提高秸秆的可生物降解性，利用混合微生物菌群间的协同作用能更好地促进纤维素类生物质固体废物的厌氧消化，此方法被证明是提高纤维素类生物质固体废物可生物降解性的有效途径之一[44,45]。然而随着中国城乡一体化的发展不断推进和区域发展特色的限制，在规模化生产中以畜禽粪便为底物的厌氧消化会因原料短缺而使推广受限，且接种底泥很难获得。现培养的接种物生长慢、难培养、出厂费用高、运输费高，优质的厌氧消化污泥成为稀缺资源。因此，为了克服接种物难获得的问题，研究厌氧消化污泥规模化培养技术，试图解决工程应用中的问题，具有一定的实际和理论价值。

（2）驯化优势菌群，提高微生物菌剂活性　以秸秆为单一底物的厌氧消化，过程制约因素以酸化最突出。抗酸化的接种物、合适的不易酸化的接种比是秸秆发酵成功的关键因素。通过筛选、驯化的方法获得适合秸秆厌氧消化的接种物至关重要[46]。S. J. Bi[47]提供了一种利用餐厨垃圾对厌氧消化污泥直接驯化的方法，结果表明，通过长期定向驯化，微生物的群落有所改变，产气量有很大提高。陈佳一[36]利用稻草秸秆对厌氧活性污泥直接进行驯化，并针对稻草秸秆中元素成分比例及厌氧发酵微生物所需的营养元素，在培养液中添加一定量的不同种类营养盐。根据接种后培养液的产气、产甲烷情况以及物料的物理化学环境指标来考察接种物的活性和驯化情况，优化接种物驯化条件。

文献报道证实，经过不同底物的长期定向驯化后，针对降解特定底物的优势菌群建立，产气量显著提高。但利用特定底物定向驯化接种物，研究其对驯化过程的影响（如系统稳定性、系统缓冲性等）等，相关报道较少。秸秆由于其自身特殊的物化特性和组成，厌氧消化过程复杂。纤维素作为秸秆中重要的组成部分，是由葡萄糖组成的大分子多糖，易被微生物降解利用。研究纤维素在厌氧消化过程中的降解机理，对接种物的定向驯化至关重要。

1.2.4.2 秸秆预处理

虽然厌氧消化器中微生物利用的底物种类繁多，但对于秸秆厌氧消化，秸秆的物化状态、结构组成以及水解酶对其可及度的大小都会影响其水解速率，前处理仍是很重要的问题。秸秆前处理的目的是质地改善和营养调节[25]。

通过适当的预处理破坏纤维素、半纤维素和木质素之间的致密结构，改变秸秆的物理化学结构（如降低结晶度、聚合度、增加比表面积等），去除部分木质素，提高生物质可降解利用的成分，增加生物酶、微生物或化学试剂对纤维素及半纤维素的可接触面积，是提高秸秆厌氧消化产气的有效方法。图 1-7 所示为秸秆预处理后的结构示意图。

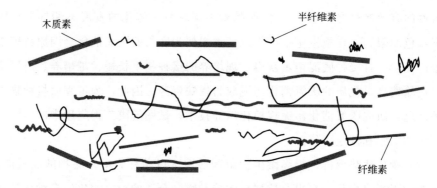

图 1-7　秸秆预处理后的结构示意图

利用不同方法预处理秸秆厌氧消化产沼的报道很多[9,48-52]。按照实验室研究和工程应用上的常见分类，可分为：物理法、化学法、生物法和联合法。表 1-1 所示为各类常见预处理方法的归纳、对比。

表 1-1　各类常见的预处理方法

方法	分类	作用	优点	缺点
物理法	机械破碎（振动球磨碾磨、干法粉碎、湿法粉碎、压缩碾磨、切割）；微氧[31]；微波反应；高温热水解；蒸气爆破	能增加秸秆的比表面积，使化学试剂、酶或微生物更容易接触秸秆；还能降低纤维素的结晶度，打破纤维素被木质素包裹的结构，通过破坏细胞壁结构，使秸秆更易水解	污染小；缩短工艺时间；处理量大	耗能高；处理效率低；存在一定危险，不适合推广应用
化学法	碱处理［NaOH、KOH、Ca(OH)$_2$、氨水、尿素等］；酸处理（浓硫酸、稀硫酸、磷酸）；有机溶剂；氧化剂处理（湿氧化、臭氧）；离子液体；	能使分子内的糖苷键发生断裂；能使木质素脱除，增加多孔性，提高聚糖的反应性	有机溶剂、离子液体可回收利用，化学稳定性好，不易挥发；温度适应范围广；对不同物质的溶解性可调节	酸液/碱液需要回收；处理价格高；对温度、压力、设备耐腐蚀性有较高要求；生成的水解产物对后续发酵有抑制作用

续表

方法	分类	作用	优点	缺点
生物法	白腐菌;褐腐菌;软腐菌	通过微生物分泌的降解酶对纤维素、木质素进行降解	污染小;常温常压,作用条件温和;专一性强;成本低	能够降解的微生物种类少;降解速度慢;有的要求条件苛刻
联合法	氨蒸气爆破;高温热解处理;氨纤维爆裂处理	通过高温高压使纤维发生机械断裂,破坏纤维素的结晶结构,降低聚合度,增加比表面积和孔隙度	纤维素酶解率高;不产生抑制物;酶解效率提高	氨挥发性强,成本高;蒸气爆破对温度、压力有要求,能耗大

虽然大多数研究结果表明物理的、化学的预处理效果显著,但在工程实践中应用依旧很困难,主要是:①预处理试剂种类单一,消耗的浓度大;②预处理过程中有部分半纤维素被溶解,物料损失较多;③消耗水量大,预处理后的残液存在二次污染的问题;④工艺复杂,耗资大。从实际工程情况看,预处理工艺在实际运行中存在的问题最为突出。

针对上述问题,未来预处理技术可能的发展方向有:①由高浓度、单一试剂预处理转向低浓度、多试剂组合预处理[53];②考虑环境与能耗问题,研究低成本的环境友好型联合预处理技术;③建立高效、高选择性的绿色化技术,尤其是在低温和中性溶液条件下,如固体碱预处理[51,54];④由溶液预处理转向固态预处理,避免废液的产生[55];⑤寻求工艺简单、低成本的处理设备。

1.2.4.3 混合发酵

预处理虽然提高了秸秆的水解速率,但易导致水解酸化阶段积累大量的有机酸,使系统 pH 值低于产甲烷菌最适 pH 值范围,抑制产甲烷菌活性,导致产气失败;且秸秆的 C/N 值偏高,简单的化学预处理无法实现调控底物营养的作用。大量文献表明[48,52,56-59]:混合发酵有助于克服厌氧消化过程中微量元素的缺乏。

基于报道的文献,Mata-Alvarez 等[48]、Ali Shah Fayyaz 等[52] 提到:在过去的两年里,在涉及厌氧消化的文献中,大约 50% 的文献是关于混合发酵的。混合发酵被认为是厌氧消化研究领域中最重要的研究点。在混合发酵过程中,畜禽粪便、餐厨垃圾的作用是:①调控发酵系统的 C/N,使其维持在 (20~30):1 之间;②缓解消化过程中 pH 值的波动;③提高产气量。

目前，国内外在农业废弃物厌氧消化产甲烷领域的理论分析及成果转化很突出，相关报道很多。混合发酵的结果是：提高了产气量，实现了多种底物的协同效应。但由于接种物、秸秆来源、底物组分、实验方法和实验条件等的不同，文献中报道的结果也不尽相同[60-62]。如何在相同实验工况下挖掘出适用于不同的底物或某一类底物的产气规律，为后续厌氧消化工艺的改进、中试实验的开展提供有价值的理论指导，是未来要探索的方向[63,64]。

1.2.4.4 改进反应装置

沼气发酵装置自 20 世纪 70 年代开始产生多种高效反应结构，如 UASB、AF 等，但针对秸秆厌氧消化产甲烷所用的厌氧消化反应器的类型比较单一，涉及结构改进的较少。实际调研也显示，装置主要是传统厌氧消化器和农村户用沼气池。在国内，中科院成都沼气科学研究所在生物质固体废物厌氧消化产甲烷推广应用研究方面的成果很多，尤其是在新装置研发方面的成果显著，有实际参考价值[65-68]。目前，从我国成功运行的秸秆沼气示范项目看（包括工业和户用），常见的秸秆沼气工艺类型如表 1-2 所示。

表 1-2　常见的秸秆沼气工艺类型[15,69,70]

分类依据	工艺类型	优点	缺点
两阶段是否分离	单相	目前应用最广；所有生化反应在一个体系中进行，可实现连续或半连续；成本低，操作简单，均质化；建造成本低	有机负荷较低，容积产气率低，易酸化
	两相	能发挥各自最大优势，提高处理效率；提高两相各自的处理能力，防止酸败现象，为后续系统提供更适宜的基质，减少对产甲烷菌的毒害作用和影响，增强系统运行稳定性和抗冲击能力；木质纤维素转化为甲烷含量高，TS 去除率高，HRT 越短效果越明显	秸秆酸化阶段不能连续运行，酸化过程中易开始产气，彻底分离两相很难
建池方式	地上式	进出料方便；施工、维修方便；管理方便；移动便携	外界温度对产气量影响较大
	地下式	保温效果相对好，对产气量波动影响较小	进出料麻烦；成本高；施工、维修麻烦
	半地上式	结构简单；施工方便；投资少；成本低；产气率高；管理方便	外界温度对产气量有影响

分类依据	工艺类型	优点	缺点
物料形态	液态消化	已被大量应用于混合原料沼气工程,工艺较成熟;目前我国已建秸秆沼气工程多采用此工艺	物料 TS 值较低;消化器体积较大;加热和搅拌能耗高;微生物容易随出料流失
	固态消化	干物质浓度高,能提高池容产气效率;一次性装料,中途无需进出料,适应大规模秸秆处理;发酵过程中运行费用低	不能连续生产沼气;大出料时安全性差;投资大;目前国内应用不多
	固液两相消化	综合了液态消化、固态消化的优点;反应器连续运行,无须停产大出料;机械化自动化程度高,运行可靠,处理量大,运行能耗低,管理方便	投资大,成本高;目前国内应用不多
发酵工艺	湿发酵工艺(如:全混合式厌氧反应器 CSTR 等)	地下水压式沼气池、CSTR 及 USR 是我国沼气工程应用最广泛的工艺;适合低 TS 值的厌氧消化;产业化工程案例多	负荷小;设备容积大;需水量大,产沼液量大,沼渣含水量高;后续处理费用高

鉴于秸秆的特殊物理化学性质,秸秆厌氧消化常采用序批式或半连续式。实践和试验研究都说明,批次投料不能均衡产气[14]。设计适合秸秆厌氧消化的工艺设备;为解决搅拌不完全和传质、传热的问题,针对混合搅拌技术构建成熟的理论及操作单元技术[71],设计秸秆原料特有的搅拌器,改进进出料设计,改善抗浮防结壳设计,破解工程化秸秆厌氧消化产甲烷的技术难题,通过技术的组合运用,提高秸秆发酵产气效率,实现秸秆高效产沼气是未来反应器结构改进研究的发展方向。

2 接种物的驯化

接种物的数量和质量对作物秸秆厌氧消化过程及产甲烷产量至关重要。但由于普通厌氧消化污泥中缺乏降解纤维素和半纤维素的水解酸化细菌[6]，水解过程成为秸秆厌氧消化的限速步骤，最终导致厌氧消化装置启动困难、发酵周期偏长、底物利用率低和产气效率低。为了提高作物秸秆的厌氧消化产气效率，缩短厌氧消化装置启动时间，对微生物进行定向驯化显得尤为重要。但根据现有文献报道[36,47,73-81]，驯化得到适合木质纤维素类生物质厌氧消化的接种物相关报道较少，且大部分都是基于实验室序批试验条件下的研究，装置规模较小（厌氧发酵罐的容积 250mL~2L），针对半连续式厌氧消化装置进行的驯化的报道很少。且装置扩大会出现小试难以预测的问题，如搅拌问题和传质的流动性问题等[82]。利用序批式装置驯化得到的条件用于半连续式厌氧发酵装置，很多参数的参考性有待验证。加之缺乏对接种物驯化过程机制的深入了解，这些都成为制约接种物驯化方法推广应用的瓶颈。

为了得到适合农作物秸秆厌氧消化产气的接种物，寻找合适的底物对常规接种物进行定向驯化，本章节选用微晶纤维素代表秸秆中的纤维素组分对初始厌氧消化污泥进行定向驯化，脱水污泥作为参照底物（常规厌氧消化污泥是由普通脱水污泥厌氧消化后的产物）。试验通过探讨不同底物驯化对厌氧污泥发酵罐的启动、发酵过程的影响，考察驯化的过程表现，分析底物的可生物降解性、微生物对底物的适应性、产甲烷菌的活性以及驯化环境的酸碱变化等。驯化过程中需要监测的指标有：产气量、甲烷含量、pH 值、VFA、SCOD、碱度、氨氮、TS 以

18

及 VS 等。

为了验证驯化后的接种物对秸秆厌氧消化产气效果的影响，试验选取未经预处理的玉米秸秆作为研究底物，借助序批试验装置系统考察接种物对玉米秸秆厌氧消化产气的影响，通过产气分析论证接种物定向驯化对提高秸秆厌氧消化的意义。图 2-1 为接种物驯化的研究路线。

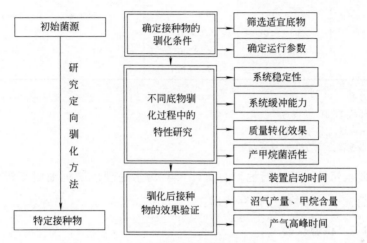

图 2-1 接种物驯化的研究路线

2.1 试验设计

2.1.1 试验材料、仪器及试剂

2.1.1.1 试验材料

（1）玉米秸秆 玉米秸秆购自天津市静海区某玉米产区（秋季采购）。整株秸秆风干经粉碎机粉碎后过 20 目标准筛，然后用去离子水洗掉泥沙等杂质，置于 20℃烘箱烘至含水率≤5%，自封袋包装并于室温保存，供后续试验使用。表 2-1 所列为试验所用玉米秸秆的理化性质。

（2）厌氧污泥 用于接种物驯化试验所用的原始菌源（厌氧消化污泥）取自天津市某污水处理厂现运行的厌氧发酵罐，消化罐的污泥 TS 含量约为 15%，污泥具体理化指标详见表 2-1；接种物使用前于（37.0±0.5）℃预培养并脱气一周，消除背景甲烷值[19,83]。

表 2-1　接种物、脱水污泥（DS）、微晶纤维素（MCC）和玉米秸秆（CM）的特性

参数	接种物	脱水污泥	微晶纤维素	玉米秸秆
TS[①]/%	6.46±0.1	14.46±0.2	94.98±0.1	86.70±0.10
VS[②]/%	3.63±0.1	8.48±0.1	84.98±0.1	85.30±0.10
VS/TS	56.19±0.1	58.65±0.2	89.47±0.1	98.39±0.20
灰分[②]/%	2.83±0.1	5.98±0.1	2	13.30±0.10
C[②]/%	29.78±0.9	30.33±0.1	44.4	41.44±0.30
N[②]/%	5.08±0.02	5.02±0.2	0	1.12±0.30
C/N[②]	5.86±0.3	6.04±0.5	ND[③]	36.97±6.20
pH	7.2±0.1	7.4±0.1	7	ND[③]

① 样品总重。
② 基于样品 TS 值。
③ ND，未检测。
注：所有数据都为平均值（标准差，$n \geqslant 3$）。

（3）脱水污泥　脱水污泥取自天津市某污水处理厂二沉池回流污泥，经浓缩、脱水后置于4℃冰箱中保存待用。

2.1.1.2　试验仪器

见表 2-2 与表 2-3。

表 2-2　试验所需仪器一览表

仪器名称	生产厂家	仪器型号	用途
烘箱	上海一恒	PH-240A	样品制备
元素分析仪	Ieeman EuroEA000	ICS5000	元素分析
pH 计	上海雷磁	PHS-2F	pH 值测定
马弗炉	天津中环	SX-G04133	TS、VS、三素测定[①]
FIBERTEC 纤维分析系统（FOSS）	FOSS	FibertecTM 2010	三素测定
分光光度计	上海精科	722 型	NH_4^+-N、VFA、还原糖测定
离心机	湘仪	TG16-WS	样品制备
COD 快速消解仪	HACH，Danaher	DR 1010	COD 测定
气相色谱	赛默飞	Thermo Fisher Scientific，Trace 1300	甲烷含量检测
4℃冰箱	海尔立式冷藏柜	SC-390	样品保存
集气袋	大连海德	10L、20L	气体收集
粉碎机	北京中兴伟业	WF-200	秸秆的粉碎处理
普通显微镜	北京瑞科中仪科技	OLYMPUS CX31	驯化后接种物的观察

① 三素指纤维素、半纤维素和木质素。

表 2-3　试验所需玻璃器皿一览表

器皿名称	仪器规格	用途
瓷坩埚	50mL	TS、VS 测定
具塞磨口比色管	25mL 50mL	NH_4^+-N、VFA 测定
试管	25mL	还原糖的测定
FOSS 仪器专用坩埚	25mL	三素测定
锥形瓶	250mL 500mL 1000mL	搭建产气系统和测定碱度指标
量筒	100mL	测量每日排液量
烧杯	500mL 1000mL	系统配料
酸式滴定管	25mL	碱度滴定
容量瓶	100mL 250mL 1000mL	溶液配制

2.1.1.3　试验试剂

（1）常规试验试剂　试验所需的所有化学试剂均采购自南开大学环境科学与工程院网上自助平台，具体各试剂的厂家及纯度详见表 2-4。

表 2-4　试验所需化学试剂一览表

药品名称	生产厂家	纯度	规格
乙二胺四乙酸钠	天津光复	—	250g
十水硼酸钠	天津光复	—	250g
十二烷基磺酸钠	天津光复	—	500g
三甘醇	天津光复	分析纯	500mL
磷酸氢二钠	天津光复	分析纯	500g
浓硫酸	天津化学试剂三厂	—	500mL
酚酞	天津化学试剂三厂	—	25g
甲基橙	天津化学试剂三厂	—	25g
碳酸钠	天津化学试剂三厂	分析纯	500g
盐酸	天津化学试剂三厂	—	500mL
乙二醇	天津光复	分析纯	500mL
硫酸羟胺	天津光复	分析纯	250g

续表

药品名称	生产厂家	纯度	规格
$FeCl_3 \cdot 6H_2O$	天津光复	分析纯	500g
冰醋酸	天津光复	分析纯	500mL
纳氏试剂	天津化学试剂三厂	——	250mL
硫酸锌	天津光复	分析纯	500g
溴化钾	天津光复	分析纯	250g

（2）碱度指标所需有关溶液的配制

① 酚酞指示剂。准确称取 0.50g 酚酞试剂，先溶于 50mL 95％的乙醇中，最后用蒸馏水稀释至 100mL 刻度线。

② 甲基橙指示剂。准确称取 0.05g 甲基橙试剂，先溶于 50mL 蒸馏水中，最后用蒸馏水定容至 100mL 刻度线。

③ 碳酸钠标准溶液（0.0250mol/L）。先将少量碳酸钠粉末于250℃烘干4～5h，冷却塔中冷却后准确称取1.325g无水碳酸钠试剂，先溶于少量无二氧化碳水中，然后快速移入1000mL容量瓶中，最后用无二氧化碳水定容，摇匀。溶液储存于乙烯瓶中，保存时间不超过一周。（无二氧化碳水，在临用前将蒸馏水煮沸15min，冷却至室温；pH 值应大于6.0）。

④ 盐酸标准溶液（0.0250mol/L）。用刻度吸管吸取 2.1mL 浓盐酸（$\rho =$ 1.19g/mL），用蒸馏水稀释、定容至1000mL。

a.溶液标定。先用移液管移取 25.00mL 碳酸钠标准溶液于 250mL 锥形瓶中，然后加无二氧化碳水稀释至 100mL，最后加入 3 滴甲基橙指示液，并用盐酸标准溶液滴定至由橘黄色刚变为橘红色，记录盐酸标准溶液用量。

b.计算

$$c = \frac{25.00 \times 0.0250}{V}$$

式中　c——盐酸标准溶液的浓度，mol/L；

　　　V——盐酸标准溶液的用量，mL。

（3）挥发性总脂肪酸含量测定所需溶液配制

① H_2SO_4 溶液。浓硫酸（H_2SO_4）与蒸馏水按体积比 1∶1 的比例混合，冷却后备用。

② 酸性乙二醇溶液。取 30mL 乙二醇与 4mL ①中制备的硫酸溶液混合。

③ 4.5mol/L NaOH 溶液。称取 180g NaOH 溶于蒸馏水中，冷却后稀释、定容至 1000mL 刻度线。

④ 10%硫酸羟胺溶液。称取 10g 硫酸羟胺，溶于少量蒸馏水中，并定容至 100mL 刻度线。

⑤ 羟胺溶液。量取 20mL 4.5mol/L NaOH 溶液与 5mL 10%硫酸羟胺溶液混合，所得溶液为试验用的羟胺溶液。

⑥ 酸性 $FeCl_3$ 溶液。准确称取 20g $FeCl_3 \cdot 6H_2O$ 试剂，先溶于 500mL 蒸馏水中，再加入 20mL 浓硫酸，最后用蒸馏水稀释、定容至 1000mL 刻度线。

（4）COD 测定所需溶液配制

① 硫酸银-硫酸溶液：$\rho(Ag_2SO_4)=10g/L$。

准确称取 5g 硫酸银试剂，将其加入 500mL 浓硫酸 $[\rho(H_2SO_4)=1.84g/mL]$ 中，盖盖儿后静置 1～2d，搅拌溶解后再使用。

② 硫酸汞溶液：$\rho(HgSO_4)=0.24g/mL$。

准确称取 48.0g 硫酸汞试剂，分次加入 200mL 硫酸溶液中，搅拌溶解。此溶液可稳定保存 6 个月。

其中配制本溶液所使用的硫酸的配制方法为：将 100mL 浓硫酸 $[\rho(H_2SO_4)=1.84g/mL]$ 沿烧杯壁慢慢加入 900mL 去离子水中，搅拌混匀，冷却备用。

③ 重铬酸钾标准溶液：$c(1/6K_2Cr_2O_7)=0.160mol/L$。

将优级纯重铬酸钾在 (120 ± 2)℃条件下烘干至恒重后，准确称取 (7.8449 ± 0.0005)g 重铬酸钾置于烧杯中，加入 600mL 去离子水，边缓慢搅拌边慢慢加入 100mL 浓硫酸 $[\rho(H_2SO_4)=1.84g/mL]$，溶解冷却后，转移此溶液至 1000mL 容量瓶中，用去离子水稀释至标线，摇匀。此溶液室温下可稳定保存 6 个月。

④ 邻苯二甲酸氢钾 COD 标准储备液。将优级纯邻苯二甲酸氢钾在 105～110℃条件下烘干至恒重后，准确称取 2.1274g 溶于装有 250mL 去离子水的烧杯中，转移此溶液于 500mL 容量瓶中，用去离子水稀释至标线，摇匀，于 2～8℃储存备用。

⑤ COD 标准储备液：COD 值 625mg/L。准确量取 5.00mL 标准储备液置于 200mL 容量瓶中，用去离子水稀释至标线，摇匀备用。该溶液于 2～8℃储存备用。

⑥ 邻苯二甲酸氢钾 COD 标准系列使用液。分别量取 5.00mL、10.00mL、20.00mL、30.00mL、40.00mL 和 50.00mL COD 标准储备液于 250mL 容量瓶中，用去离子水稀释至标线，摇匀。溶液置于 2～8℃储存备用。配制的各溶液对应的 COD 值分别为 25mg/L、50mg/L、100mg/L、150mg/L、200mg/L 和 250mg/L。

（5）NH_4^+-N 测定所需溶液配制

① 酒石酸钾钠溶液。准确称取 50g 酒石酸钾钠（$KNaC_4H_4O_6 \cdot 4H_2O$），先溶于 100mL 蒸馏水中，然后加热煮沸除去氨，室温冷却后，用蒸馏水定容至 100mL 刻度线。

② 铵标准储备溶液。准确称取 3.819g 经 100℃ 干燥过的优级纯氯化铵（NH_4Cl）试剂，先溶于少量蒸馏水中，然后移入 1000mL 容量瓶中，稀释至标线。此溶液每毫升含 1.00mg NH_4^+-N。

③ 铵标准使用溶液。准确量取 5.00mL 铵标准储备溶液于 500mL 容量瓶中，用水稀释至标线。此溶液每毫升含 0.01mg NH_4^+-N。

2.1.2 发酵罐的结构设计

目前，国内许多科研单位现运行的厌氧发酵罐，多采用半连续搅拌反应器（semi-continuous stirred tank reactor，semi-CSTR）。本设计参考了《三废处理工程技术手册：固体废物卷》《一体化秸秆沼气发酵反应器设计》《秸秆床厌氧发酵产沼系统》等有关厌氧反应器设计的内容，同时借鉴了德国工程师协会（VDI）制定的关于固体废物厌氧消化的相关标准，参考了天津大学、清华大学以及成都沼气研究所等高校院所关于污泥厌氧消化反应器的相关设计经验，本实验室所用的厌氧发酵罐针对厌氧消化污泥的实际理化特性，采用单相 CSTR 作为厌氧消化污泥驯化的反应装置。

该装置主体由有机玻璃材料制作而成。装置顶部配有搅拌电机（金坛东城新瑞仪器，J5-1 型电动搅拌器），通过螺钉及玻璃胶和装置主体进行连接、密封。电机每次工作的条件是：一天定时搅拌 2 次，搅拌频率 10min/h，搅拌转速 60r/min。装置采用上部进料，底部出料的方式，投/卸料全部采用手动阀门控制。投料口连接的投料管在装置内部要伸到发酵液面以下 10cm 左右。每次投料结束后，投料管用止水夹夹住，以防止微溶解氧进入发酵罐内。每天都是先卸料再进料，投/卸料量根据试验设计确定。由于厌氧消化对温度变化极为敏感，装置启动后全程需要加热保温，该装置的加热方式为外部水浴夹套加热，通过外部循环热水的循环流动来维持装置内部所需的温度。外部加热装置为水浴锅（天津泰斯特仪器，DK-98-Ⅱ两孔型），内部置有潜水泵，能连续将热水打入水浴套内，循环水进水口在装置下部，循环水出水口在装置上部。装置内部装有温度计，能时时监测装置内部物料的温度变化。当装置启动时温度计读数达到预定温度并保持恒温时（温差±2℃视为正常），水浴锅温度设定为当前加热温度继续工作。装置启动后，厌氧消化过程中产生的气体由排气口排出，集气袋（MBT13-10，大连海得科技，20L）收集气体，每天定时测定产气量以及甲烷含量。该装置示意图如图 2-2 所示，装置实物图如图 2-3 所示。

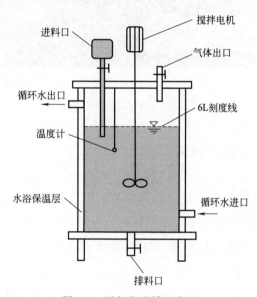

图 2-2 厌氧发酵罐示意图

接种污泥的导入，选择天津市某污水处理厂现运行的污泥厌氧消化罐里排出的厌氧消化污泥作为初始菌源。

图 2-3 所示的半连续搅拌反应器作为本试验驯化所用的厌氧反应器。反应器总体积 10L，有效体积 6L。为确保系统处于稳定状态，同时结合刘春红[84] 的研究结论（污泥厌氧消化的最适水力停留时间为 20d），由厌氧消化罐的有效容积和进出料体积确定水力停留时间（hydraulic retention time，HRT)[85] 为 20d。消化罐每天搅拌 2 次，每次 10min/h，转速为 60r/min。厌氧消化温度为 (37.0±0.5)℃。

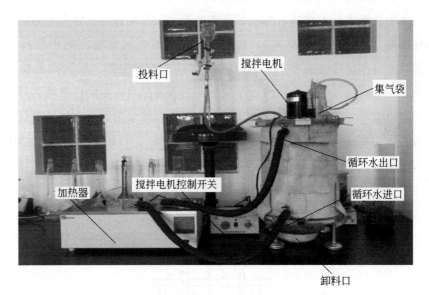

图 2-3　厌氧反应器实物图

2.1.3　驯化条件及效果验证

2.1.3.1　驯化条件

为了验证 2 种底物对驯化过程的影响以及确保系统处于稳定状态,根据文献报道产甲烷菌的最适生长温度[16,17] 和秸秆厌氧消化的最适含固率[14,18],该试验驯化温度和含固率分别定为 (37.0±0.5)℃ 和 TS 5%。所有试验均在图 2-2 一个装置内完成。试验分为 2 个阶段,每个阶段 27d,第一个阶段以微晶纤维素为底物,第二个阶段以脱水污泥为底物(第二个驯化阶段开始后,系统不换料,接用上一阶段驯化的底物作为本阶段的初始菌源)。每个阶段的前 7d 系统不添加任何营养物质,系统空转 7d,目的是为了使菌源适应系统,同时去除菌源中残留的可生物降解的有机物。因此,正式驯化前认为底物中 VS 的组成主要以活的微生物为主[83]。为方便后续分析描述,阶段 1# 和阶段 2# 简称为 1# 组和 2# 组。根据投料习惯,确定两组驯化的初始投料 TS 值一样。对应的 1# 组中,微晶纤维素为底物的有机负荷率为 49kg/(m³·d);2# 组中,以脱水污泥为底物的有机负荷率为 44.87kg/(m³·d)。表 2-5 汇总了 2 种底物驯化投料的条件。

表 2-5 两种底物驯化投料的条件

项目	1#	2#
底物来源	MCC	DS
有机负荷率/[kg/(m³·d)]	49.00	44.87
底物质量/g	15	158.76
进出料体积/mL	300	300
TS/(g/L)	50	50
VS/%	14.70	13.46

2.1.3.2 驯化效果验证

为了验证经定向驯化的接种物对秸秆厌氧消化产气的影响（主要考察装置启动时间和达到日高峰的产气时间），试验选取未经预处理的玉米秸秆作为研究底物，选择图 2-4 所示的序批式厌氧消化试验装置进行验证[25]（序批式试验主要用于生物降解性实验的测试）。厌氧发酵装置根据集气排水法原理制作而成，由发酵瓶、集气排水瓶和 100mL 量筒组成。所有装置均由硅胶管和乳胶塞连接、密封。发酵瓶内产生的生物气通过硅胶管导入装有自来水的集气瓶中，集气瓶内的气体再将液体挤到集水瓶中，集水瓶收集从集气瓶中排出的液体，利用排水法计量产生的生物气的体积。恒温水浴锅作为厌氧发酵的控温装置。

图 2-4 序批式厌氧发酵装置

发酵瓶和集气排水瓶总体积 500mL，发酵瓶有效体积 300mL。底物有机负荷率为 50g/L。底物与接种物（按 VS 计）的比例为 1∶1。试验设置 2 组空白

（仅含接种物和蒸馏水）用于消除接种物中残余的可能影响生物降解的有机基质。充氮气 3～5min 除氧造成系统厌氧环境。所有装置封瓶后置于（37.0±0.5）℃水浴锅进行产气试验。根据前期预试验结果，产气周期定为 30d。产气过程中，每天定期摇瓶 3 次，每次约 5min。

2.1.4 分析与计算方法

2.1.4.1 分析方法

驯化后的底物一式三份用于相应的指标分析。TS、VS、VFA、TA、NH_4^+-N 以及 SCOD 根据美国公共卫生协会（American Public Health Association，APHA）标准[85] 以及《水和废水监测分析方法》[86] 标准分别进行测定。每日用集气袋收集气体后，测定总产气量。甲烷含量的检测用气相色谱仪（flame ionization detector，FID 检测器，色谱柱为普通填充柱），色谱仪具体检测条件如表 2-6 备注所示。验证试验中，每日产气量用集气排水法测量，每日排水量约等于日沼气产量。

表 2-6　试验测定指标及方法

指标	检测方法	参考文献
总固体(TS)/g	(105±5)℃干燥法	[85]、[86]、[87]
挥发性固体(VS)/g	550～600℃灼烧法	[85]、[86]、[87]
C、N、H 比例/%	元素分析仪	[85]
pH 值	PHS-2F(上海雷磁)	[85]、[86]
三素(纤维素、半纤维素和木质素)含量/%	纤维分析系统	[88]
碱度(以 $CaCO_3$ 质量计)(TA)/(mg/L)	酸碱指示剂滴定	[85]、[87]、[89]
铵态氮(NH_4^+-N)/(mg/L)	纳氏试剂分光光度法	[85]、[90]
总挥发性脂肪酸(VFA)/(mg/L)	分光光度比色法	[85]、[89]
SCOD/(mg/L)	快速消解分光光度法	[91]
甲烷含量	气相色谱仪[①]	[89]
普通电镜	用于菌胶团的观察	

① 本试验的检测条件：FID 检测器；进样口温度（T）100℃；柱温 50℃；检测器温度 200℃；进样量 0.02mL；载气流速 8.2mL/min；尾吹流速 10mL/min；检测时长 10min。

2.1.4.2 计算方法

修正的 Gompertz 模型[83]：

$$P_{\text{net}}(t) = P_{\text{max}} \times \exp\left\{-\exp\left[\frac{R_{\text{max}} \times \text{e}}{P_{\text{max}}} \times (\lambda - t) + 1\right]\right\} \tag{2-1}$$

式中　　$P_{\text{net}}(t)$——t 时的累积甲烷产量，mL/g；

$\quad\quad P_{\text{max}}$——最终甲烷产量，mL/g；

$\quad\quad R_{\text{max}}$——甲烷产率，mL/d；

$\quad\quad \lambda$——迟滞期时间，d；

$\quad\quad t$——厌氧消化时间，d。

上式通过变形，得到 λ 关于 R_{max} 的关系方程，即：

$$\lambda = \frac{1}{R_{\text{max}}} \times \frac{P_{\text{net}}(t)}{\text{e}} \times \left[\ln\left(\ln\frac{P_{\text{net}}(t)}{P_{\text{max}}}\right) - 1\right] + t \tag{2-2}$$

2.2　不同底物驯化对系统产气的影响

2.2.1　对日产气量的影响

文献报道指出，沼气和甲烷产量作为指示指标可以用于检测发酵罐的运行情况和厌氧微生物的活性[92-94]。该驯化试验的产气结果（日产气量、累积产气量、日甲烷产量和累积甲烷产量）如图 2-5、图 2-6 所示。由图 2-5 可知，经过 2 种不同底物驯化后的接种物其日沼气产量和日甲烷产量明显不同。从第一天加入微晶纤维素作为驯化底物起［图 2-5（a），1#组］，日产气量明显高于 2#对照组。然而 1#组［图 2-5（b）1#组］的甲烷含量却明显低于 2#对照组。与 1#组相比（日沼气产量均高于 8116.05mL/g），2#组虽然与 1#组有相同的初始投料条件（如表 2-5 所示），但日产气量和甲烷产量却低于 1#组（日沼气产量均高于 2158.35mL/g）。在 2 种底物的驯化过程中，日产气量均有所波动，且 1#组的波动要大于 2#组。在 1#组中，从驯化的第 12 天到驯化结束，日产气量有明显提升。由于温度变化可影响系统的稳定性和产气量，1#组在第 11 天产气量骤然下降，分析认为和环境温度变化有关（当天环境温度 19℃，且停电导致水浴温度有所下降）。Chae[95] 报道过温度变化对猪粪中温厌氧消化的影响很大。维持厌氧消化的稳定性，底物的可生物降解性以及环境温度至关重要。

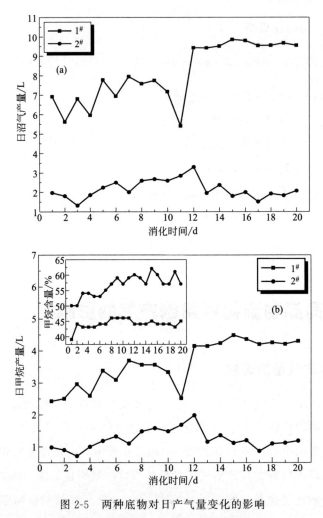

图 2-5　两种底物对日产气量变化的影响

（a）日沼气产量；（b）日甲烷产量

2.2.2　对累积产气量的影响

　　鉴于上述日产气量的结果，并结合表 2-5 的内容，与 2[#] 组相比，虽然 1[#] 组的投料有机质含量高了 1.24％，但累积沼气产量和甲烷产量却分别提高了 73.41％和 65.98％。分析认为这主要是由于底物的可生物降解性导致的，即微晶纤维素比脱水污泥更容易被微生物降解利用。微晶纤维素是由 β-1,4-葡萄糖苷键结合的支链式多糖类物质；脱水污泥则是微生物菌胶团等经浓缩脱水后

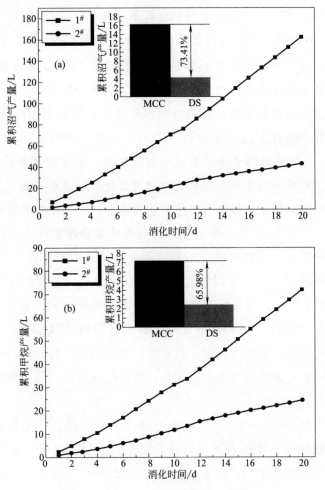

图 2-6 两种底物对累积产气量变化的影响

（a）日沼气产量；（b）日甲烷产量

转化为半固体或固体泥块的一种物质。相比于复杂的脱水污泥组成，微晶纤维素分子间作用力可以很快被打破并降解为更容易被微生物利用的单糖；而对于脱水污泥而言，水解是厌氧消化的限制步骤[96]。没有经过预处理的污泥，其凝胶结构和细胞壁不能被破坏，从而导致污泥水解率低。许多研究报道证实了预处理在改善城市和工业废水活性污泥厌氧消化产沼方面的优势[96-98]。底物类型可以影响甲烷产气量，而甲烷含量则可以显示产甲烷菌的活性。如图 2-5（b）结果所示，以微晶纤维素为底物的驯化过程中，甲烷含量均低于 47％；

而以脱水污泥为底物的驯化过程中，甲烷含量均高于50％（产气稳定后的甲烷含量为62％左右）。由图2-10的碱度数据，碱度在1000～5000mg/L的范围内，由图2-7pH值的数据，pH值在7.0～7.2的范围内，CO_2的含量可高达40％～50％，这一结果与日本下水道协会（2001）所报道的值很接近[99]。分析认为出现这个现象主要是由于脱水污泥的组成成分导致的。与微晶纤维素相比，脱水污泥中的组分复杂，除常规的可被微生物降解利用的脂肪、蛋白质、碳水化合物外，还有大量营养元素（N、P、K等）和微量营养元素（如Fe、Co、Ni等）。这些营养物质都会对微生物的生长、繁殖起到促进作用[100,101]。大量和微量元素对于微生物的生长、繁殖至关重要，像铁、镍、钴等微量元素对微生物细胞膜的稳定以及养分转移有重要作用[100]。而微晶纤维素是典型的碳水化合物，不含N元素。微晶纤维素虽然可生物降解性优于脱水污泥，但驯化过程中对提高微生物的活性不利。因此，厌氧消化过程中合适的C/N是一个很关键的因素。有文献报道C/N在（20～30）∶1的范围内比较适合厌氧微生物的生长[102]，但最佳比值随底物类型而有所不同。表2-1所示的微晶纤维素和脱水污泥的C/N均不在文献报道的范围内，但经过20d的驯化，接种物均能适应底物，且产气稳定。在发酵罐启动初期，每日进料底物中若没有微生物所需的氮元素以及其他微量元素，微生物的活性以及系统的平衡将会受到很大影响。

累积产气量/原料VS质量的比值越高，可生物降解性能越好[103]。影响可生物降解性能的主要因素是接种物的活性和底物的组成。本试验中不同底物的累积产气量因原料VS含量不同而有所差异，对单位VS产气量进行分析、比较很有必要。由表2-7结果可知，以微晶纤维素（1#组）为底物的累积沼气产量为11042.25mL/g，而以脱水污泥（2#组）为底物的累积沼气产量仅为3207.06mL/g；1#组累积甲烷产量为4897.52mL/g，2#组累积甲烷产量为1819.40mL/g。试验结果说明微晶纤维素的可生物降解性要优于脱水污泥。结合图2-5和图2-6的结果可知，以微晶纤维素为底物的驯化能提高底物的可生物降解性和微生物适应性，但却不能提高产甲烷菌的活性。后续研究中，建议发酵罐启动初期进料中辅助添加额外的营养物质，尤其是氮素以及微量元素，目的是提高产甲烷菌的活性，从而提高甲烷含量[104,105]。

表 2-7　两种底物驯化后的厌氧消化效率[①]

指标	微晶纤维素(MCC)(1[#]组)	脱水污泥(DS)(2[#]组)
累积沼气产量/(mL/g)	11042.25	3207.06
日沼气产量/(mL/g)	552.11	160.35
累积甲烷产量/(mL/g)	4897.52	1819.40
日甲烷产量/(mL/g)	244.88	90.97
有机质去除率/%	63.0	45.6

① 代表平均值($n \geqslant 3$)。

由上述分析可知，总产气量和甲烷产量取决于产甲烷菌以及相应微生物的活性，同时也受到原料的可生物降解性、大量以及微量营养物质和环境条件的影响。然而，微晶纤维素和脱水污泥是否会对厌氧消化系统内的微生物群落造成影响，通过上述分析却无法得到确切的答案。借助相应的分子生物学手段进一步监测和分析不同底物对微生物定向驯化过程中微生物群落的影响是本课题下一步要研究的方向。

2.3　不同底物驯化对系统稳定性的影响

为确保厌氧消化罐的正常运行，维持厌氧消化系统的稳定性至关重要。由于环境条件和底物的组成、可生物降解性直接关系到微生物群落的稳定性，因此厌氧消化过程中这些变量对产气量发挥着重要作用[106]。基于秸秆沼气示范工程运行温度条件以及文献报道的建议值[14,16-18]，本研究中 2 组驯化试验的初始菌源相同，投料量按 TS 计一致。然而，厌氧消化过程中系统各个监测指标的变化却大相径庭。表 2-5 列举了两种底物驯化投料的条件❶；图 2-7～图 2-12 所示为 2 种底物驯化过程中相关参数的变化。

2.3.1　对 pH 和总挥发性脂肪酸含量变化的影响

2.3.1.1　对 pH 变化的影响

有文献报道由于秸秆的高 C/N 和随着发酵底物含固率的提高，厌氧消化过

❶ 样品的制备：驯化试验结束后，首先，预留 20mL 用于发酵后样品 pH 值、TS 和 VS 值的测定；然后，用 50mL 离心管将厌氧发酵后的样品于 8000r/min 离心 15min，离心后的液体用 0.45μm 的水性滤膜过滤，用于 VFA、TA、NH_4^+-N 和 SCOD 指标的测定。

程中极易出现酸积累现象，进而抑制产甲烷菌活性，最终导致产气失败[58]。由于产甲烷菌对 pH 值的变化极为敏感，厌氧消化罐运行过程中，系统的酸碱度以及缓冲能力对维持系统稳定运行很重要。参考文献报道的适合产甲烷菌生长、繁殖的最适 pH 值为 6.5～8.2；当 pH 值低于 6.0 或者高于 8.5 时，微生物的活性受到严重抑制[17,106,107]。本研究所用的微晶纤维素和脱水污泥其 C/N 均低于报道的最佳范围，但在 2 组驯化试验过程中，pH 值均在 6.9～7.2 的范围内变化，并未出现文献中报道的酸败现象的发生。图 2-7 展示了 pH 值在驯化过程中的变化。1# 组与 2# 组 pH 值波动范围不大，均在 6.90～7.25 的范围内。但 1# 组 pH 值在驯化后期略有下降，驯化结束后 pH 值基本维持在 7.0 左右，而 2# 组 pH 值则在 7.2 左右。经测定驯化过程中的 NH_4^+-N 含量和 TA 值（图 2-10、图 2-11）发现，污泥中 NH_4^+-N 的浓度由初始的 1126.05mg/L 提高到 1798.32mg/L，TA 由 1566.86mg/L 提高到 2087.9409mg/L，分析认为这两组数据的提高可能是造成 2# 组驯化后期 pH 值上升的原因。甲烷发酵过程中影响 pH 值最主要的因素是底物的组成。微晶纤维素不含氮元素，水解后无法为系统提供 NH_4^+-N，仅靠碳酸氢盐、碳酸盐和氢氧化物维持系统缓冲能力有限，随着驯化时间的延长，反应在系统 pH 值上有所下降。

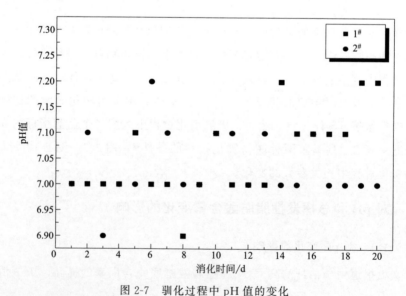

图 2-7 驯化过程中 pH 值的变化

2.3.1.2 对总挥发性脂肪酸含量变化的影响

系统稳定性由很多因素决定，如底物类型、发酵条件等[64]。微晶纤维素作为易被微生物降解的物质，可以很快被纤维素降解菌、水解酸化菌和其他发酵微生物降解为挥发性脂肪酸（VFA）及其他物质[108,109]。VFA 作为厌氧消化过程中重要的中间产物，其变化与 pH 值紧密相关。底物的可生物降解性能直接影响系统 pH 值和 VFA 的浓度变化，间接影响反应系统的稳定性。VFA 为微生物的生长提供碳源，以微晶纤维素为底物的驯化试验取得了最大沼气产量。同时，VFA 又可作为系统的缓冲剂或抑制剂，对微生物的生理环境有直接影响。为进一步研究驯化过程中系统的稳定性，VFA 的变化需要探讨。图 2-8 所示为 2 组试验过程中 VFA 的变化值。由图 2-8 可知，以脱水污泥为底物的 VFA 曲线的变化相对平缓，变化范围为 527.06～558.43mg/L；以微晶纤维素为底物的 VFA 曲线的变化波动相对较大，变化范围为 476.08～569.43mg/L。分析认为 1# 组 VFA 出现有规律的波动且波动较大的原因，与底物的可生物降解性有关。系统每日投加物料后，相同时间内微晶纤维素比脱水污泥的水解速度要快，生成的中间产物 VFA 要多，产甲烷菌可利用的底物多，体现在产气量高于 2# 组。但由于微晶纤维素聚合度较高，结合图 2-9 驯化污泥的普通电镜图可知，投料前微晶纤维素并未完全消耗殆尽，系统内仍有少量残余，说明微晶纤维素完全降解需要一定时间。新投料后，系统内的 VFA 含量会逐步积累，下一次投料前 VFA 值会升高。根据 Katarzyna Golkowska[110] 的报道，微晶纤维素的降解产物主要

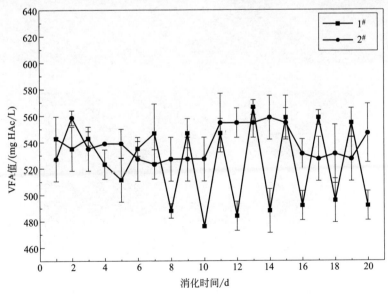

图 2-8 驯化过程中 VFA 的变化

以乙酸、丙酸和丁酸为主，能被微生物直接利用转化，系统内存留的 VFA 很快被微生物消耗殆尽，因此随着系统定期的投料，系统 VFA 自第 3 天稳定后开始呈现有规律的波动。对比 2# 组试验 VFA 的平均值，1# 组（524.12mg/L）比 2# 组（542.75mg/L）低 4.93％。由于微生物群落的组成一定程度上会影响底物的水解及 VFA 的形成，而 VFA 的浓度又会影响甲烷化步骤[47,111]。1# 组 VFA 的值低于 2# 组的结果表明，经过微晶纤维素定向驯化后，在一定程度上改变了微生物群落的构成，使得降解纤维素的水解酸化菌相比于初始菌源有所富集。结果对促进纤维素水解酸化及甲烷化有益。

2.3.2 对污泥形态变化的影响

根据普通镜检结果（如图 2-9 所示），2 种接种物经过驯化后，1# 组厌氧污泥相对蓬松，类似絮状物质，呈砖红偏黑色；而 2# 组厌氧污泥絮状体相对紧实，颜色上与 1# 组区别不大。微生物与基质的吸附黏结是保证基质有效降解的前提，

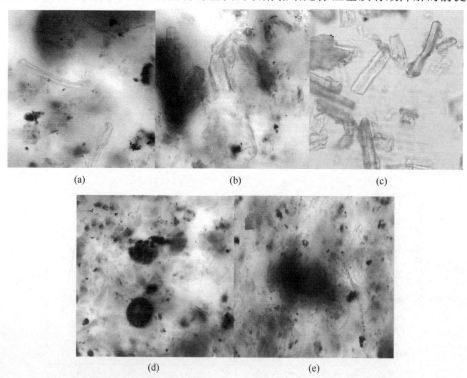

(a)　　　　　　　　　　(b)　　　　　　　　　　(c)

(d)　　　　　　　　　　(e)

图 2-9　MCC 与 DS 投料前后的普通电镜图（Plan CN40X/0.65）

(a) 1# 组投料后；(b) 1# 组投料前；(c) MCC 原貌；(d) 2# 组投料前；(e) 2# 组投料后

对照图 2-9（c）、图 2-9（a）和（b）可明显看到被菌胶团包裹的微晶纤维素降解前后的状态，镜检结果说明微生物对微晶纤维素的吸附、降解效果较好。而脱水污泥在系统内的降解状态并不像微晶纤维素那么明显，但菌胶团相对紧密，且黑色部分较多，分析认为出现这种现象主要是底物的组分导致的。一般情况下（脱水污泥未经过预处理），脱水污泥中能提供给微生物直接反应的营养物质较少，驯化后接种物中无机成分比微晶纤维素高。而无机成分的增加提高了接种物的密度，孔隙度降低，对系统中基质的扩散与气体的释放不利[75]。

2.3.3 对碱度和铵态氮变化的影响

2.3.3.1 对碱度变化的影响

碱度（alkalinity）是一个重要的监测指标。碱度由碳酸氢盐（HCO_3^-），碳酸盐（CO_3^{2-}）、氢氧化物（OH^-）、磷酸一氢根（HPO_4^{2-}）和硅酸三氢根（$H_3SiO_4^-$）等组成。它们能和氢离子（H^+）进行中和，起到调节碱度的作用。若这些离子与 Na^+、Ca^{2+} 共存，溶液的碱度就会变高。实际甲烷发酵过程中，二氧化碳溶解生成的碳酸根离子、碳酸氢根离子，其阻抗效果能使系统 pH 值保持在中性范围内。但由于 pH 值（图 2-7）的波动范围从 6.9 到 7.2，OH^- 在这种环境下很难存在，所以忽略。厌氧消化过程中 HCO_3^- 作为重要指标需要监测。图 2-10 所示为 2 组驯化试验中碱度的变化。由图 2-10 结果可知：2 组驯化试验的碱度呈相反的变化规律。以脱水污泥作为底物，随着驯化时间的推移，碱度呈缓慢上升趋势，变化范围从 1566.86mg/L 到 2087.9409mg/L；然而以微晶纤维素作为底物，随着时间的推移，碱度却呈急剧下降趋势，变化范围从 4190.36mg/L 到 1675.42mg/L。总碱度是水中能与酸发生中和作用的物质的总量。常见的是以共轭酸碱对的形式存在的。厌氧消化系统中常见的共轭酸碱对有：NH_4^+/NH_3，H_2CO_3/HCO_3^-，HCO_3^-/CO_3^{2-}，H_2S/HS^-，HS^-/S^{2-}，HAc/Ac^-。由 pH 值和 VFA 的波动导致共轭酸碱对的存在形式发生改变。分析认为出现 2 组碱度变化呈相反趋势的现象的原因与底物的组成成分有关。不同底物降解后生成的物质决定了共轭酸碱对的种类及存在形式。微晶纤维素降解后能提供的共轭酸碱对只有 H_2CO_3/HCO_3^-、HCO_3^-/CO_3^{2-} 和 HAc/Ac^-，而脱水污泥除了能提供上述 3 组共轭酸碱对外，还能提供 NH_4^+/NH_3、H_2S/HS^- 和 HS^-/S^{2-}。尽管具有一定碱度能中和消化系统中存在的 VFA，维持系统稳定，但结合图 2-8 和图 2-10 的结果可知，以微晶纤维素为底物的驯化过程，其系统的缓冲能力有限。因此，1$^\#$ 组试验驯化过程中碱度呈迅速下降趋势。K. J. Chae[95] 曾在报道中提及：二氧化碳是生物气中的第二大组分气体（当用 20g/L 的 KOH 溶液吸收生物气后，甲烷含量能高达 99.9%）。结合图 2-5（b）中甲烷含量和甲烷产量的对比结果，驯化过程中以微晶纤维素作为底物产生物气时，二氧化碳的含量较 2$^\#$ 组高很多。H_2CO_3/HCO_3^-、HCO_3^-/CO_3^{2-} 和 VFA 对 1$^\#$ 组碱度有直接影响作用，若继续提高微晶纤维素的有机负荷，系统很可能会因为 VFA 的大量积累而导致酸败，产气量骤减。尽管 1$^\#$ 组驯化过程中碱度不断下降，驯化试验结束后，系统中碱度值基本稳定在 1675.42mg/L，仍然在文献报道的最佳范围内（1000～5000mg/L）[23]，说明厌氧消化系统在一定程度上还具备缓冲能力。但若要延长驯化、缩短周期或提高投料有机负荷，需要辅助添加能提供大量共轭电子对的物质，以维持系统的稳定性。

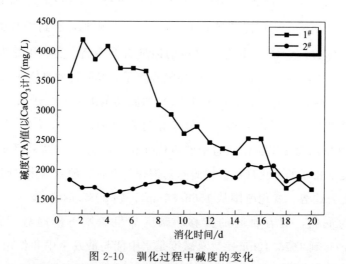

图 2-10　驯化过程中碱度的变化

2.3.3.2　对铵态氮变化的影响

厌氧发酵过程中，蛋白质等含氮有机物通过水解酸化转化为铵态氮（NH_4^+-N）。铵态氮可以为微生物的生长提供氮源，又可作为系统的缓冲剂，调节 pH 值，因此铵态氮对维持微生物的生理环境非常重要，需要时时监测。如图 2-10 和图 2-11 所示，系统碱度与铵态氮的变化一致。1$^\#$ 组 NH_4^+-N 值的变化为 2298.92～1163.87mg/L，2$^\#$ 组 NH_4^+-N 值的变化为 1126.05～1798.32mg/L。驯化开始后，1$^\#$ 组的 NH_4^+-N 值呈阶梯状下降。驯化第 5 天，NH_4^+-N 值降低到 1743.70mg/L，稍作停留又开始下降；到驯化的第 16 天，NH_4^+-N 值降到 1400mg/L；待驯化结束后，NH_4^+-N 值稳定在 1163.87mg/L。若增加水力停留时间，NH_4^+-N 值会继续以阶梯状下降，低于 NH_4^+-N 最佳值，系统的稳定性和缓冲性将受到影响。因此，利用微晶纤维素进行驯化，HRT 不宜超过 20d。与 1# 组 NH_4^+-N 值的变化规律正相反，2# 组呈现阶梯状增加的趋势。驯化第 9 天；NH_4^+-N 值提高到 1487.52mg/L，稍作停留又开始上升；待驯化结束后，NH_4^+-N 值稳定在 1661.81mg/L，NH_4^+-N 的转化及利用率达到了平衡。分析认为出现这种情况的原因是底物的组分差异造成的。脱水污泥中含有大量的蛋白质、脂肪和碳水化合物。含氮物质的降解可以提高厌氧消化系统内 NH_4^+-N 的浓度，进而影响系统 TA、pH、VFA 和 VFA/TA 的值（如图 2-7、图 2-8、图 2-10、图 2-12 所示）。尽管微晶纤维素不能为系统提供氮源，但 1# 组的 NH_4^+-N 在驯化 20d 结束后，依然还能满足系统要求的 NH_4^+-N 值 1000mg/L[23]。据 S. J. Bi 的报道[47]，当厌氧消化的底物换成富氮的底物时，消化系统内微生物群落的结构也会随之发生变化。结合图 2-11 的 2 组试验结论，结果表明：与微晶纤维素驯化的接种物相比，经过脱水污泥驯化的接种物富集了适合降解含氮物质的微生物群落，这对提高秸秆的厌氧消化不是很有促进作用。

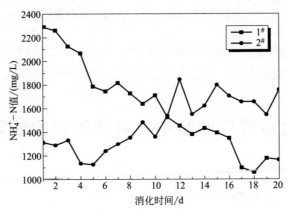

图 2-11 驯化过程中 NH_4^+-N 的变化

2.3.4 对总挥发性脂肪酸/总碱度变化的影响

根据文献报道，总挥发性脂肪酸（VFA）/总碱度（TA）的值同样可以作为判断厌氧消化系统稳定性的指标。VFA/TA 的比值低于 0.4 能够维持厌氧消化系统的稳定性；介于 0.4～0.8 之间，会对厌氧消化系统的稳定性造成威胁，有酸败的预兆；大于 0.8 时，厌氧消化系统因酸败导致产气失败[112]。本试验 2 种底物驯化过程中 VFA/TA 的变化值由图 2-12 所示。1# 组 VFA/TA 的变化范围是 0.13～0.30；2# 组 VFA/TA 的变化范围是 0.25～0.34。两组比值均低于 0.4 阈值，结果表明两组驯化的初始投料有机负荷不会引起系统驯化过程的酸败现象。1# 组内 H_2CO_3-HCO_3^- 有助于系统抵抗 VFA 的变化，维持系统在稳定的状态。

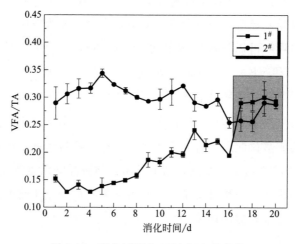

图 2-12　驯化过程中 VFA/TA 的变化

　　根据上述分析内容，使用微晶纤维素作为底物驯化能得到适合降解秸秆的接种物，驯化周期建议控制在 20d，且有机负荷不宜超过 $49kg/(m^3 \cdot d)$。

2.4　驯化过程中底物中有机质的利用效果研究

2.4.1　对 TS、VS 变化的影响

　　根据文献报道，微生物的群落结构与底物的 SCOD、TS 和 VS 有显著相关性[113]，且底物转化率与厌氧消化效率密切相关[112]。通过考察 2 组驯化过程中 SCOD、TS 和 VS 的变化以及底物利用率，对进一步解释不同底物对驯化效果的影响有重要意义。2 组试验过程中 TS、VS 以及 SCOD 的变化如图 2-13～图 2-15 所示。由图 2-13 可知，驯化结束后，1# 组 TS、VS 含量较驯化前分别降低了

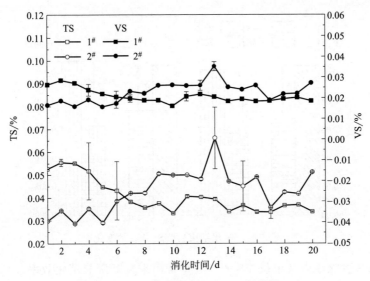

图 2-13　驯化过程中 TS、VS 的变化

1.88％、0.79％；2# 组 TS、VS 含量较驯化前分别提高了 2.22％、1.14％。理论上，在设定投料 TS 值的条件下，长期驯化过程中 TS 的变化很小。但连续驯化过程中，通过 2# 组底物的改变，驯化后系统 TS、VS 的提高意味着脱水污泥作为底物其利用率低，影响了底物的质量转化和生物气的产生。分析认为出现这种情况是由污泥的组分、可溶性以及可生物降解性导致的。

纤维素的水解产物以葡萄糖为主。根据野池达也[16] 的分析，以单糖（葡萄糖）为原料的菌体收率（Y_{su}g/g）为 0.14～0.17（35～37℃），而家禽排泄物和油脂混合物仅 0.1（55℃），同等消化温度下的初沉池污泥为 0.15。结合驯化后的 TS、VS 结果，分析认为同等消化温度条件下以微晶纤维素为原料的驯化得到的菌体收率与以污泥为原料的驯化得到的菌体收率接近，且通过定向驯化能富集得到适合纤维素降解的微生物群落。与畜禽粪便及餐厨垃圾相比（主要以油脂混合物为主），虽然单糖的消化温度低，但菌体收率却高于以家禽排泄物和油脂混合物为底物的菌体收率，说明以纤维素为厌氧消化底物的微生物生长情况要更好。

单位 VS 产气量可以反映可生物降解的有机物转化效率。如表 2-7 所示，1# 组累积沼气产量和日沼气产量分别为 11042.25mL/g 和 552.11mL/g；2# 组累积沼气产量和日沼气产量分别为 3207.06mL/g 和 160.35mL/g。1# 组单位 VS 日产气量明显高于 2# 组的。低 VS 含量意味着有更多的有机质可以被微生物利用，底物利

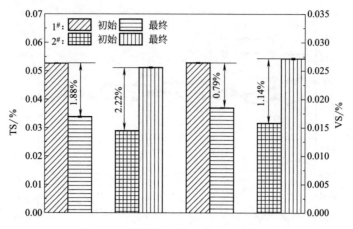

图 2-14　驯化结束后 TS、VS 的变化

用率高。VS 去除率以及单位 VS 的产气量常用来判断厌氧消化效率。VS 去除率反映了有机质的减少量。如表 2-7 所示，$1^\#$ 组和 $2^\#$ 组的有机质去除率分别为 63.0％和 45.6％。通常污泥厌氧消化有机质去除率一般在 40％～70％之间。本试验结果表明：2 种底物都能维持系统的 VS 去除率在报道的范围内，但 $2^\#$ 组与 $1^\#$ 相比，有机质去除率偏低。单位 VS 产气量的结果表明：微晶纤维素作为驯化底物可以获得较高的厌氧消化效率。

2.4.2　对可溶性有机物变化的影响

溶解性 COD 浓度的变化与厌氧发酵产气速率之间有很好的对应关系[74]。图 2-15 所示为 2 组试验可溶性有机物（SCOD）值的变化。驯化过程中 $2^\#$ 组 SCOD 的平均值（1462.02mg/L）比 $1^\#$ 组（998.74mg/L）高 46.39％。相同驯化条件下，进料有机负荷略低于 $1^\#$ 组，但 SCOD 的浓度却高于 $1^\#$ 组。SCOD 的对比结果表明 $1^\#$ 组的有机物利用率要高于 $2^\#$ 组。工程上往往采用 SCOD 作为污泥厌氧消化的指标，但 SCOD 是一个相对宏观的概念，污泥水解酸化过程中溶出的物质繁杂且多，包含了 NH_4^+-N、NO_3^-、VFA、溶解性有机质、PO_4^{3-}、HPO_4^{2-}、$H_2PO_4^-$ 以及一些微量元素等。结合图 2-10～图 2-12 和图 2-15 的结果，$2^\#$ 组中含有的高 SCOD 值会使 NH_4^+-N 和 TA 的值提高，然而 pH 值和 VFA 的含量却没提高太多。分析认为出现这种现象是由于底物的可生物降解性导致的。脱水污泥的消化性能差，水解率低导致产气率低。大量氮、磷的释放在一定程度上会抑制 VFA 的产生及降解[114]，反映在 SCOD 值上较 $1^\#$ 组略偏

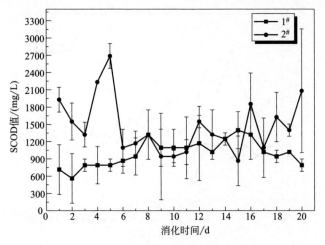

图 2-15　驯化过程中 SCOD 的变化

高。基质的种类和形态对水解速率有重要影响。相同条件下多糖、蛋白质和脂肪的水解速率依次减小[115]。虽然试验初始投料按 TS 计，换算到有机负荷 1# 组要略高于 2# 组，但驯化过程中 SCOD 值反而偏小，说明微晶纤维素水解后生成的中间产物能为微生物提供充足的营养，菌种得以进行生长代谢。图 2-5、图 2-6 的日产气量、累积产气量数据，也能支持此结论。

2.4.3　对 TS/VS 降解率的影响

厌氧微生物通过将底物中的有机物进行分解、代谢生产沼气。底物中的总固体（TS）包含挥发性固体（VS）和无机物质。当有机物 VS 被降解后，底物中的 TS 含量会减少。本研究选择 TS/VS 指标来表示不同驯化底物被微生物的利用程度，同时也为了反映原料的可生物降解性。TS/VS 值越大，表示底物中的有机质被降解得越多，底物的可生物降解性越高。

图 2-16 所示为驯化过程中不同底物的 TS/VS 值的变化。出图可知，驯化的前 12d，微晶纤维素的降解效果要高于脱水污泥（2# 对照组）；随着驯化的进行，第 12 天到第 20 天驯化结束，1# 组的 TS/VS 有所下降，并最终稳定在 1.83 左右，而 2# 对照组则在驯化后期有所提高，最终稳定在 1.88 左右。但两组驯化稳定后的 TS/VS 差异不大。结合 2.4.1 和 2.4.2 小节中 TS、VS 和 SCOD 值的结果，分析认为出现这种现象的原因与底物的可生物降解性有关。微晶纤维素比脱水污泥的结构简单，微生物容易降解、利用，因此在驯化前期的利用率较高；

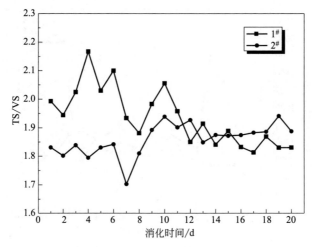

图 2-16　驯化过程中不同底物的 TS/VS 值的变化

随着驯化的进行，由于微晶纤维素的营养结构单一，系统缓冲性较差，产甲烷菌的活性受到限制，底物的利用率有所降低。相反，脱水污泥由于没有经过预处理，水解速率慢，驯化前期的可生物降解性较差。随着驯化的进行，微生物适应了底物特性，TS/VS 值有所提高，但上升幅度不大。

2.5　驯化效果验证

秸秆厌氧消化产沼的启动是很关键的一步，同时也是相对缓慢的一步。试验设计利用微晶纤维素代替秸秆中的纤维素组分对初始菌源进行定向驯化，以期获得适合秸秆厌氧消化产沼的接种物。为验证接种物的驯化效果，试验选用未经预处理的玉米秸秆作为底物，装置启动前发酵底物不调 pH 值、不添加外源氮源。

2.5.1　对产气量和产气规律的验证

2.5.1.1　对累积产气量的验证

图 2-17 所示为分别接种两组驯化后的接种物对玉米秸秆累积产气量的影响。由图 2-17 可知，接种经微晶纤维素驯化的接种物，其厌氧消化装置启动较快，第一天产气量为292mL，较对照组的产气量提高了226.5mL。随着厌氧消化的进行，从第 6 天到第 19 天，对照组的累积沼气产量要略高。分析认为出现这种现象的原因与底物的可生物降解性有关。未经处理的玉米秸秆，能被微生物降

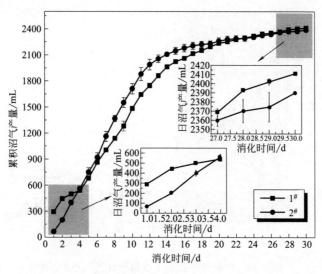

图 2-17　两种接种物对玉米秸秆累积产气量的影响

解、利用的纤维素与半纤维素、木质素缠绕、包裹在一起，接种后，裸露在外面的纤维素很快被微生物降解，而包裹的部分则很难降解。根据试验结果，经微晶纤维素驯化的接种物比经脱水污泥驯化的接种物，含有的适宜降解纤维素的水解酸化细菌要多，因此第一天的产气量有很大差异。但随着厌氧消化产气的结束，$1^{\#}$组的累积沼气产量比对照组提高了 0.88%。

2.5.1.2　对日产气量的验证

图 2-18 为日产气量的变化。由图 2-18 的产气结果可知，两组试验中的产气高峰、启动时间以及产气高峰出现的时间均有所不同。接种 $1^{\#}$ 组厌氧污泥的玉米秸秆，其厌氧消化装置启动时间提前，最大日产气高峰出现在第 1 天（292.1mL）；而接种 $2^{\#}$ 组厌氧污泥的玉米秸秆，其厌氧消化装置启动较慢，最大日产气高峰出现在第 7 天（241.7mL）。尽管从第 2 天到第 11 天，接种 $2^{\#}$ 组接种物的玉米秸秆累积沼气产量（181.5mL）要略高于接种 $1^{\#}$ 组接种物的产气量（135.2mL），但 $2^{\#}$ 组装置的启动时间却滞后于 $1^{\#}$ 组，而且厌氧消化 30d 后接种 $1^{\#}$ 组接种物的总产气量比接种 $2^{\#}$ 组接种物的总产气量要高。

产气量的高低不仅由微生物的活性决定，底物的可生物降解性也很关键。由图 2-18 的结果可知，玉米秸秆厌氧消化过程中均出现了 2 个产气高峰。接种 $1^{\#}$ 组接种物的 2 个产气高峰之间相差 6d，而接种 $2^{\#}$ 组接种物的 2 个产气高峰之间相差 5d。从 2 个产气高峰之间相差的时间分析，两组接种物相差不大。分析认

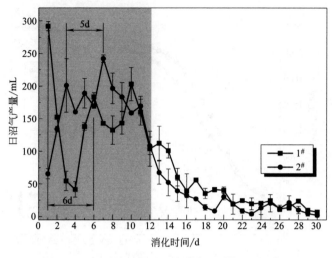

图 2-18　两种接种物对玉米秸秆日产气量的影响

为，出现这种现象的原因和玉米秸秆的特殊物化结构（未预处理）有关。1#组接种物经过驯化，对含纤维素的底物适应性要优于 2#组接种物，刚接种时，1#组玉米秸秆的产气速度要快于 2#组，但由于玉米秸秆未经预处理，裸露的纤维素较少，当有限的纤维素被降解完后，1#组产气量开始下降，产气优势不突出。加之水解为厌氧消化的限速步骤，在第二个产气高峰到达前，两组产气量相差不大。但总体而言，1#组的 2 个产气高峰要比 2#组的 2 个产气高峰时间都提前。

2.5.1.3　对甲烷产气量的验证

虽然两组接种物对玉米秸秆累积沼气产量的影响不大，但由于定向驯化导致的微生物群落的变化，会影响甲烷产量。结合 2.4 小节和 2.5 小节的试验结果，分析认为造成甲烷含量偏低主要是由产甲烷菌的活性和底物的可生物降解性决定的。而氮源和微量元素对维持产甲烷菌的活性有重要作用。验证试验中，2 组均未添加额外氮源，玉米秸秆作为唯一的营养物质。由图 2-19 的产气结果可知，接种两种不同的接种物，其玉米秸秆厌氧消化过程中的甲烷含量有所不同，接种 1#组接种物的甲烷含量要略高于接种 2#组接种物的，但相差不大。虽然经微晶纤维素驯化的接种物在驯化过程中 TA 和 NH_4^+-N 两个指标不断降低，驯化系统的稳定性和缓冲性受到冲击，但驯化后的 1#组接种物对玉米秸秆厌氧消化的产气并未造成影响，反而比 2#组接种物的效果好，总产气量（沼气产气量和甲烷产气量）要高。试验前玉米秸秆没有经过任何预处理，pH 值、碱度及额外氮源

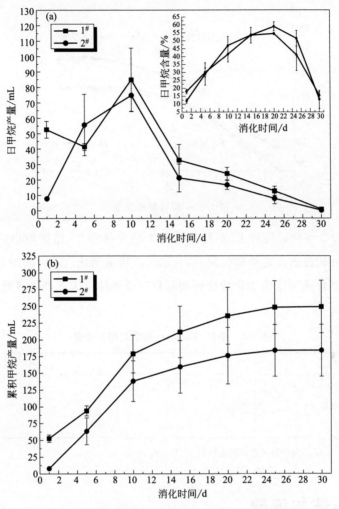

图 2-19 两种接种物对玉米秸秆甲烷产量的影响

（a）日甲烷产量；（b）累积甲烷产量

均未调控，接种 1# 组接种物的玉米秸秆降解速率比接种 2# 组接种物的降解速率要高，装置厌氧消化启动时间要快。综合上述分析，微晶纤维素定向驯化后的接种物对未经预处理的玉米秸秆厌氧消化产沼有促进作用。

2.5.2 对厌氧消化参数的验证

图 2-20 为拟合曲线结果，表 2-8 所示为修正的 Gompertz 模型求得的相关参数。由图 2-20 可知，2 组 R^2 均大于 0.9，说明累积甲烷产气量的方程拟合效果

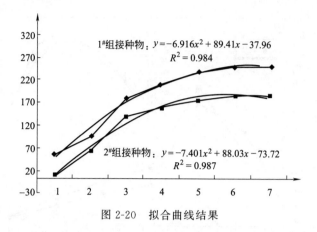

$1^\#$组接种物：$y = -6.916x^2 + 89.41x - 37.96$
$R^2 = 0.984$

$2^\#$组接种物：$y = -7.401x^2 + 88.03x - 73.72$
$R^2 = 0.987$

图 2-20 拟合曲线结果

良好。由表 2-8 可知，接种 $1^\#$ 组接种物的 λ 值比接种 $2^\#$ 组接种物的 λ 值要小。根据 Can Liu 的报道，迟滞期时间（λ）越长，厌氧消化启动时间越长[83]，结果说明经过微晶纤维素定向驯化的接种物对提前玉米秸秆厌氧消化装置的启动时间有利。

表 2-8 修正 Gompertz 模型的相关参数

项目	$1^\#$组	$2^\#$组
迟滞期时间(λ)/d	4.27	5.33
相关系数 R^2	0.98	0.99
R_{max}①	16.38	13.58

① 其值用于计算 λ，其中时间点分别选取第 10 天和第 20 天。

2.6 小结与展望

2.6.1 小结

为提高秸秆厌氧消化的降解速率，缩短装置启动时间，提高产气量，本章提出了一种适合秸秆厌氧消化产沼的定向驯化接种物的方法。微晶纤维素作为特定底物（代表秸秆中纤维素的组分）用于接种物的定向驯化，脱水污泥作为对照底物，并对接种物的驯化效果进行验证。试验结果如下所示：

① 试验证明，以微晶纤维素取代脱水污泥作为驯化底物，经微晶纤维素驯化的接种物其日产气量、累积产气量、日甲烷产量都高于经普通脱水污泥驯化后

48

的接种物的产气量，但甲烷含量却较低。通过比较驯化过程中系统的稳定性、缓冲性和质量转化效果，发现经微晶纤维素驯化的系统质量转化效果好，稳定性在厌氧消化的正常范围内，但系统缓冲性较差。通过验证试验，经微晶纤维素驯化后的接种物，使玉米秸秆厌氧消化产气的装置启动时间明显提前，日产气高峰在第 1 天到达，且日最大产气量为 292mL，比用脱水污泥驯化的接种物日产气高峰提前 6d。

② 研究发现，以微晶纤维素作为秸秆的替代物用于接种物的定向驯化，得到的接种物对提高玉米秸秆的降解速率、缩短装置启动时间是有效的。

③ 研究揭示，使用微晶纤维素作为特定底物对原始菌源进行定向驯化，微晶纤维素短期内可以提高微生物的适应性，驯化过程稳定，时间较快；但由于微晶纤维素不含氮源及其他微量营养元素，单一营养底物驯化过程对产甲烷菌的活性不利。

2.6.2 展望

对接种厌氧污泥进行定向驯化，使其适应底物的性质，建立相对稳定的微生物群落结构，是实现厌氧消化系统快速启动、提高产气量和维持系统稳定运行的关键。综合上述试验结果，微晶纤维素作为秸秆的替代物用于接种物的定向驯化，得到的接种物对提高玉米秸秆的降解速率、缩短装置启动时间是有效的。要想深入了解定向驯化对改善接种物组成、优化产气效果的影响，下一步的重点是研究不同营养元素复配的添加时间和添加方式对驯化效果和微生物活性、数量以及群落结构的影响，同时考察驯化后的接种物对其他木质纤维素类生物质厌氧消化产沼的影响。

3 微波辅助MgO/SBA-15 预处理试验研究

利用秸秆厌氧消化产沼的瓶颈是如何有效改变秸秆的原有结构以期提高秸秆的水解反应速率，因此预处理是一个重要步骤[50,108,116-120]。根据1.2小节表1-1的内容，与其他预处理方法相比，化学法中的碱处理以其快速高效、低廉、对温度和压力要求低、效果明显的优势备受关注[99,121-125]。碱预处理的目的是为了在一定程度上溶解部分木质素和半纤维素，破坏秸秆原有的致密结构，通过打开连接纤维素、半纤维素和木质素之间的酯键，打破半纤维素和木质素对纤维素的包裹作用，使更多的纤维素裸露出来[126]。基于现有的碱预处理技术研究进展，为了获得廉价、高效的碱预处理技术，本研究具体的碱预处理包括以下四点：①微波辅助MgO/SBA-15预处理对玉米秸秆物化结构及厌氧消化产气的影响；②Ca(OH)$_2$固态温和预处理对玉米秸秆物化结构及厌氧消化产气的影响；③对两种预处理方法进行可行性对比分析；④对预处理条件进行优化。四部分内容分别对应本书的第3、4、5、6章。图3-1所示为预处理对秸秆的物化结构和产气影响的研究技术路线。

固体碱预处理[51,54]，是碱处理的发展方向之一。近年来，为了实现木质纤维素类生物质中纤维素、半纤维素的高效利用（水解产糖，糖转化为5-羟甲基糠醛等重要平台化合物，厌氧消化产沼、产乙醇等），国内外研究人员将预处理的方向转向催化材料的制备[127-131]，以期去除木质素和半纤维素的同时降低预处理条件要求、成本，提高处理效率。据庞春生报道[132]，MgO能够高效地去除木质纤维素类生物质材料中的木质素，并且对纤维素和半纤维素有保护作用，预处理后生物质

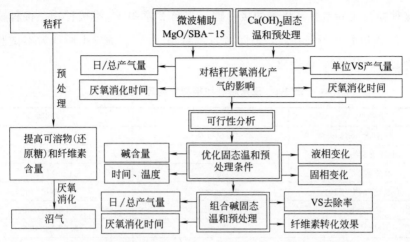

图 3-1　预处理对秸秆物化结构和产气影响的研究技术路线

中纤维素和半纤维素的残留率很高。庞春生的这一报道，能将粉末状的 MgO 制备成固体碱材料用于生物质中木质素的去除，还可以让 MgO 替代现有高成本的化工碱试剂（如 NaOH、KOH、尿素等）。新型的固体碱材料，虽然碱性较常规 NaOH、KOH 弱，但对木质纤维素类生物质中纤维素、半纤维素和木质素的分离效果较好。Le Liu 等人[88] 报道可利用合成固体碱分级蒸煮提取玉米秸秆中的纤维素。这些结论为固体碱预处理农作物秸秆在厌氧消化产气领域提供了新思路。

　　基于笔者前期研究基础（从木质纤维素类生物质固体废物中高效提取纤维素），本研究提出微波辅助 MgO/SBA-15 预处理方法。试验以农田自然风干的玉米秸秆为原料，选择 MgO 作为碱试剂，采用物理-化学联合法，对玉米秸秆进行预处理。本试验通过对原料预处理前后底物组分以及结构的变化探讨碱处理的效果；以累积产气量、日产气量、单位 VS 产气量、厌氧消化时间为指标，探讨微波辅助 MgO/SBA-15 预处理方法对玉米秸秆厌氧消化产气的影响。最后，对该法进行可行性分析。

3.1　试验设计

3.1.1　试验材料、仪器及试剂

3.1.1.1　试验材料

玉米秸秆的来源与 2.1.1.1 小节所述的一致。但由于底物的差异性，每次试验前会重新测定玉米秸秆的组分。

接种物为实验室自己培养的接种物，为第 2 章中 1# 组接种物。接种物使用前于 35℃预培养并脱气一周，消除背景甲烷值[19,83]。表 3-1 所列为本试验所用的底物及接种物的理-化性质。

表 3-1 玉米秸秆和接种物的理-化性质

参数	玉米秸秆	接种物
纤维素①/%	40.00±0.02	ND③
半纤维素①/%	18.26±0.01	ND
木质素①/%	11.02±0.00	ND
碳水化合物④/%	61.64±0.58	ND
C②/%	41.44±0.30	24.55±0.85
N②/%	1.12±0.30	5.08±0.020
C/N	36.97±6.20	5.891±0.20
pH	ND③	7.20±0.10
TS②/%	86.70±0.10	3.4±0.10
VS②/%	85.30±0.10	1.9±0.20
VS/TS/%	98.39±0.20	55.88±0.20

① 基于样品总重。

② 基于样品 TS 值。

③ ND:未检测。

④ 碳水化合物:定义为基于干基质的纤维素与半纤维素的含量(%)。

3.1.1? 试验仪器

试验所用的仪器除了 2.1.1.2 小节所列的，还包括以下几项，如表 3-2 所列。

表 3-2 试验所需仪器一览表

试验仪器	仪器厂家	仪器型号	目的
微波消解仪	上海新仪(SINEO)	MDS-6G	秸秆预处理
傅里叶变换红外光谱仪	—	FTS6000	秸秆处理前后官能团检测
扫描式电子显微镜	日本日立公司	S-3500N	秸秆外貌结构观察
X 射线衍射分析仪	日本理学	D/max-2500	物相定性分析

3.1.1.3 试验试剂

（1）试验中所用的试剂 详见 2.1.1.3 小节。

（2）三素（纤维素、半纤维素和木质素）测定所需溶液配制

① 中性洗涤剂（NDF 洗液）。准确称取 18.61g EDTA 的二钠盐（乙二胺四乙酸钠，$C_{10}H_{14}N_2Na_2O_8 \cdot 2H_2O$）和 6.81g 十水硼酸钠（$Na_2B_4O_7 \cdot 10H_2O$）

放入烧杯中，加适量蒸馏水加热至溶解。再加入 30g 十二烷基磺酸钠、10mL 三甘醇（$C_6H_{14}O_4$）和 4.56g 磷酸氢二钠（Na_2HPO_4）于烧杯中。检查溶液 pH 值（应在 6.95～7.05 的范围内），最后定容至 1000mL。

② 酸性洗涤剂（ADF 洗液）。称取 49.04g 浓硫酸（H_2SO_4）加入装有 400mL 蒸馏水的 1000mL 容量瓶中，用蒸馏水定容。

③ 72％硫酸溶液。通过以下公式配制 1000mL 的 72％硫酸溶液：

$$浓硫酸质量 = \frac{1000 \times 1.634 \times 72}{98} \tag{3-1}$$

$$所需水的质量 = (1000 \times 1.634) - 所用浓硫酸的质量 \tag{3-2}$$

式中   1.634——72％硫酸的密度。

注：先将称取好的蒸馏水加入 1000mL 容量瓶中，再往其中缓慢加入预先计算好质量的浓硫酸。由于浓硫酸加入水中会释放大量的热，在不断加入浓硫酸的过程中，要将已有的混合液不断进行冷却，否则混合液会因为高温膨胀导致量多，使无法在容量瓶中配制所要求浓度的硫酸溶液。

3.1.2 预处理

3.1.2.1 MgO/SBA-15 的制备

基于本课题组在秸秆中高效提取纤维素的前期研究结果，本试验选择以介孔材料 SBA-15 为载体，利用负压浸渍法将 MgO 负载在 SBA-15 上，制成负载型固体碱催化剂 MgO/SBA-15 用于玉米秸秆预处理的试验。其中，MgO/SBA-15 的制备方法已完善[88]，即：MgO 与 SBA-15 按质量比 1∶10 计，先将 1g MgO 粉末在装有去离子水的烧杯中浸渍，MgO 浓度为 1g∶50mL；然后将 10g SBA-15 倒入其中，用玻璃棒充分搅拌 5min 使其成糊状；再将混合物置于 ZK-1BS 型真空干燥箱负压反应 1h；反应结束后将混合物置于烘箱中于 105℃ 干燥 5h；最后将干燥的固体粉末置于 500℃ 的马弗炉中煅烧 6h，研磨制成粉末状 MgO/SBA-15。

3.1.2.2 预处理

首先，分别往聚四氟乙烯罐中各加入 1.0g 玉米秸秆、20mL 混合液（10mL 乙醇、10mL 蒸馏水），然后分别添加 0g、0.1g 和 0.2g 的 MgO/SBA-15。MgO/SBA-15 很轻，倒入罐中时要轻缓。

其次，将密封好的聚四氟乙烯罐依次置于微波消解仪中，设定好程序后，于 170℃ 高温消解 300min，待温度降至室温时取出消解罐。消解过程中无任何搅拌。程序设定为温控，逐步升温、降温。

最后，将消解结束的罐子打开，用 20 目的筛子进行固液分离。一部分固体用去离子水清洗干净后用于三素（纤维素、半纤维素和木质素）组分的分析，固体粉末研磨后用于 XRD、FTIR 和电镜的检测；另一部分不清洗，直接用于后续厌氧消化产气试验。

3.1.3 厌氧消化试验

经微波辅助 MgO/SBA-15 预处理后的玉米秸秆，用 100 目筛网滤去液体，固体直接用于厌氧发酵试验。由于前期试验条件限制，利用本实验室自行搭建的厌氧消化装置，厌氧消化底物的 TS 值设定为 3%。底物与污泥（按 VS 计）比值为 1。添加完底物与接种物后，用去离子水补足剩余体积到 500mL（发酵瓶总体积为 1L）。为避免厌氧发酵过程的酸败，在各发酵瓶中添加定量的 NH_4Cl 用以调节 C/N，使 C/N=25∶1。然后用 1mol/L 的 HCl 或 $Ca(OH)_2$ 调节发酵初始 pH 值为 7.5～7.7[133]。氮吹扫 5min 造成厌氧环境并密封，置于（37.0±0.5）℃恒温条件下发酵，逐日记录产气量。微波直接消解的（未添加固体碱）作为对照组。数据采集从接种后的第二天开始[134]。每天手动摇瓶 2 次，每次 5min，并定时测定排液量。除非文内另有说明，所有试验均设三个平行试验。只含接种物和水的发酵系统作为空白组，用以矫正产气结果。

3.1.4 分析与计算方法

3.1.4.1 分析方法

底物 TS、VS 以及纤维素、半纤维素、木质素的测定详见 2.1.4 小节。表 3-3 所列为预处理后秸秆表面结构、官能团变化和结晶度的测定方法。秸秆纤维结晶度变化，使用 XRD 分析仪测定，仪器条件：40kV；100mA；广角 2θ；扫描范围 10°～80°，扫描速率 4°/min，步长 0.02°。秸秆官能团检测，使用傅里叶变换红外光谱仪，根据溴化钾（KBr）压片法制备样品[135]。秸秆表面结构观察用扫描电子显微镜（S-3500N）。

表 3-3　试验测定指标及方法

试验仪器	仪器型号	参考文献
红外光谱(FTIR)	FTS6000	[136]
XRD	D/max-2500	[136]
扫描电镜(SEM)	S-3500N	[136]

3.1.4.2 计算方法

$$（纤维素、半纤维素）残留率 = \frac{a-b}{a} \times 100\% \qquad (3-3)$$

$$（木质素）去除率 = \frac{a-b}{a} \times 100\% \qquad (3-4)$$

式中　a——预处理前（纤维素、半纤维素或木质素）的质量；

　　　b——预处理后（纤维素、半纤维素或木质素）的质量。

3.2　预处理对组分变化规律的影响研究

3.2.1　组分的变化

由于微波辅助 MgO/SBA-15 预处理方法所需的处理条件为 1g 玉米秸秆、20mL 溶液，含固率低，处理后的液体不保留，试验只用过滤后的固体物进行厌氧消化试验❶。在此，预处理对溶出物中组分的影响不做详细讨论。

由表 3-1 可知，未预处理的玉米秸秆中纤维素、半纤维素和木质素的含量分别为 40.00％、18.26％和 11.02％。依据碱降解木质素[138] 及高温利于纤维素和半纤维素消解的规律[76,139]，经微波辅助不同含量 MgO/SBA-15 预处理后，玉米秸秆中纤维素、半纤维素和木质素含量均有不同程度的变化。三素的残留率变化如图 3-2 所示。由图 3-2 可知，未使用固体碱预处理玉米秸秆的纤维素、半纤维素和木质素的残留率分别为 49.16％、22.01％、21.83％；经 10％ MgO/SBA-15 预处理后的三素残留率分别为 71.18％、20.11％、19.10％；经 20％ MgO/SBA-15 预处理后的三素残留率分别为 70.42％、16.94％、15.25％。对比空白组，添加固体碱预处理后的 2 组纤维素残留率均明显提高。分析认为出现这种现象的原因与 Mg 的存在有关。Mg 能保护碳水化合物，在一定程度上减少了纤维素的损失。同时木质素与半纤维素的降解也提高了固体中纤维素的含量。纤维素作为秸秆中最主要的组分，是由多个葡萄糖分子组成的大分子多糖，容易被微生物降解利用。MgO/SBA-15 的催化性能不仅提高了纤维素回收率，更提高

---

❶ 经预处理后的玉米秸秆，用去离子水洗净后于 60℃烘干，用于组分分析（纤维素、半纤维素和木质素）。

了底物的可生物降解性，有利于产气的进行。由于半纤维素与木质素之间存在的共价键（醚键、酯键、苯基糖苷键和缩醛键）在碱性、高温环境下结合较弱的地方断裂，部分半纤维素也会发生分解，残留率减少相对明显。固体中损失的部分半纤维素和木质素可转化为某些可溶性物质，更易被微生物降解利用[139,140]。但 MgO 相对于 NaOH 碱性较弱，木质素和半纤维素的去除率相对较低。综合图 3-2～图 3-4 显示的预处理效果可知，微波辅助 10% MgO/SBA-15 预处理玉米秸秆达到了提高纤维素残留率、增大比表面积和降低纤维素结晶度的目的。

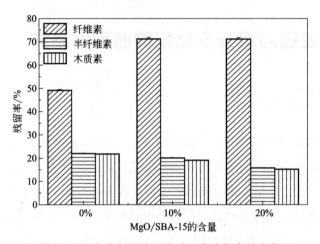

图 3-2　玉米秸秆预处理前后组分残留率的变化

3.2.2　表面结构的变化

电镜图是观察预处理对秸秆处理效果的有效途径。对比预处理前后玉米秸秆的电镜图片（如图 3-3 所示），从微观形态上看：未经预处理的秸秆其表面紧凑、光滑，结构致密无裂痕［图 3-3（a）］；经过预处理后，与原始秸秆对比，微波直接消解的秸秆有明显撕裂的迹象［图 3-3（b）］，出现了裂痕和沟槽，表面变得粗糙；添加固体碱后表面不仅粗糙，还出现了许多微孔［图 3-3（c）、（d）］，这说明玉米秸秆中原有的致密结构得到疏散，使得木质素、纤维素、半纤维素组成的三维骨架出现了较多孔隙，原来被半纤维素和木质素交叉包裹的纤维素裸露出来，更容易与外部介质接触[141]。出现微孔的原因是由于极性分子（例如水分子）在吸收微波能和热能后，会改变原有分子结构，使其以同样速度做极性运动，分子间频繁的碰撞导致秸秆中化学键结合较弱的地方断裂，反映在秸秆表面即为形成断裂及许多微孔。这些微孔不仅增大了秸秆的比表面积，还使得微生物

和酶更易附着、降解，达到预处理改善底物质地结构的目的[153]。对比图 3-3
（c）、（d）的 SEM 图，经 20％ MgO/SBA-15 处理后的秸秆裸露的骨架面积优于
10％ MgO/SBA-15 处理后的秸秆。

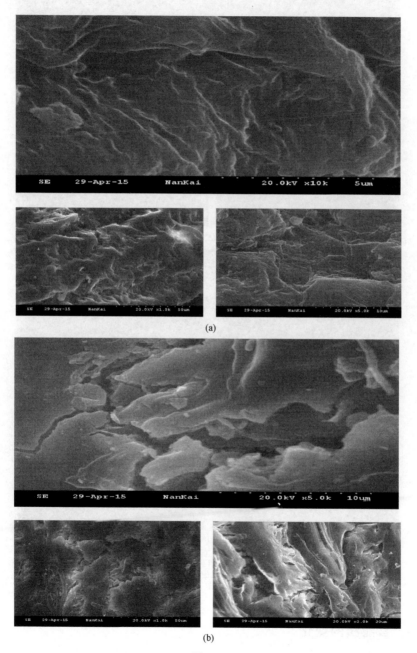

图 3-3

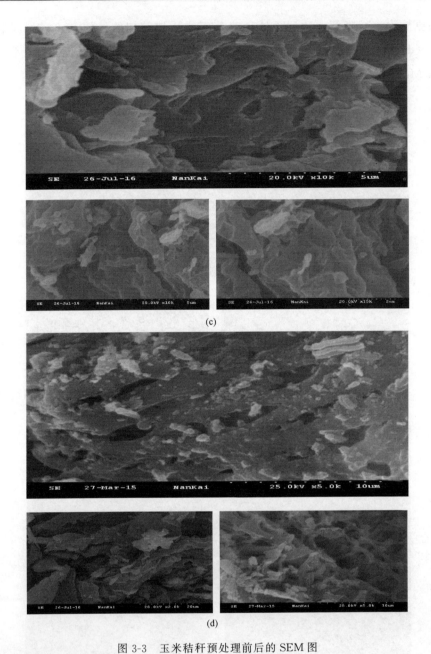

图 3-3 玉米秸秆预处理前后的 SEM 图

(a) 原始秸秆；(b) 空白；(c) 10％ MgO/SBA-15 处理后的秸秆；(d) 20％ MgO/SBA-15 处理后的秸秆

3.2.3 官能团的变化

根据文献报道，木质纤维素类生物质中的纤维素、半纤维素和木质素各自特有的官能团和化学键在红外谱图中有特定的振动频率[76,135]。借助红外谱图能够定性、定量分析玉米秸秆中的三素在预处理前后的变化。由图 3-4 可知，在 $3322cm^{-1}$、$2920cm^{-1}$、$1362cm^{-1}$ 和 $1192cm^{-1}$ 处均有强吸收峰，这分别是由于纤维素 O—H、C—H、C—O—C、C—OH 和分子内氢键的伸缩、弯曲振动引起的；在 $835cm^{-1}$ 处的吸收峰代表了纤维素 β-糖苷键的振动。这几处强吸收峰说明预处理后的秸秆依旧存在大量纤维素。在 $3429cm^{-1}$、$1642cm^{-1}$、$1730cm^{-1}$ 处的强吸收带是来自半纤维素上—OH 的伸缩振动的信号，说明预处理后的半纤维素也存在。从 FTIR 谱图中发现，在 $1512cm^{-1}$ 处有芳香环所特有的吸收峰出现，这是由芳香环骨架伸缩振动造成的，说明预处理后的玉米秸秆中仍然有木质素及其降解物等杂质存在。

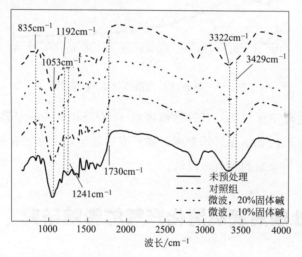

图 3-4　预处理前后玉米秸秆的红外谱图

3.2.4　结晶度的变化

根据纤维素聚集态的不同，纤维素分为五类。一般情况下，纤维素 Ⅰ 只存在于天然纤维素中，此类纤维素衍射峰的主要位置在 $14.7°$、$16.4°$ 和 $22.5°$ (2θ)[142]。在本试验 XRD 的测试图中，如图 3-5 所示，出现了与报道的纤维素谱图中相似的特征峰 [$16.4°$ 和 $22.5°$（2θ）]，结果表明预处理后的秸秆中仍然有纤维素的存在。经微波与蒸馏水预处理后的玉米秸秆，其衍射峰与未处理组的衍射峰在 $16.4°$ 和 $22.5°$（2θ）处几乎重合。相比于微波直接消解的对照组，测试图中添加 MgO/SBA-15 的 2 组衍射峰的峰头较为平缓，但各样品的峰位置没有

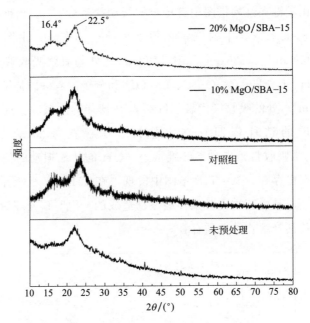

图 3-5　预处理前后秸秆的 XRD 谱图

发生变化。衍射峰平缓说明：经过微波辅助 MgO/SBA-15 预处理后的玉米秸秆中纤维素的无定形区和结晶区均遭到不同程度的破坏，结晶度有所降低，其结果是更有利于微生物及酶的附着、降解。

3.3　预处理对厌氧消化产气的影响研究

3.3.1　预处理对产气效果的影响研究

3.3.1.1　预处理对累积产气量的影响研究

经微波辅助不同含量的 MgO/SBA-15 预处理玉米秸秆后，各组玉米秸秆厌氧消化总产气量的变化如图 3-6 所示。由图 3-6 可知，与未预处理组相比，3 组经过微波预处理后的累积产气量均呈增长趋势。其中，添加了 MgO/SBA-15 的 2 组总产气量明显高于对照组。四组总产气量在前 5d 无太大变化，分析认为出现这种现象的原因有两点：①碱预处理能将玉米秸秆中一部分木质素和半纤维素去除，去除的半纤维素在高温下易降解成还原糖，虽然易被微生物降解利用，但也最易随处理液排掉，因此微生物可利用的底物量减少，产气启动时间有所滞

60

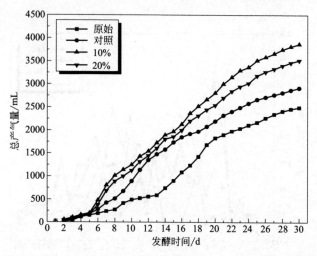

图 3-6　微波辅助不同含量 MgO/SBA-15 预处理对玉米秸秆累积产气量的影响

后；②与刚接种的微生物需要一定的适应时间有关，虽然接种的是经实验室自行定向驯化培养的接种物，但与微晶纤维素相比，天然玉米秸秆的结构复杂，微生物吸附、降解速度滞后也有可能。

厌氧消化 30d 后，3 组经过预处理后的秸秆累积产气量分别为 2916mL、3871mL 和 3515mL，单位 VS 产气量分别为 227.90mL/g、302.54mL/g 和 274.72mL/g；而未预处理组的累积产气量仅为 2493mL，单位干物质产气量为 194.84mL/g。与对照组相比，经 10％和 20％MgO/SBA-15 预处理后的秸秆总产气量分别提高 55.28％和 20.54％；单位 VS 产气量分别提高 55.28％和 41.00％。产气试验结果表明：微波辅助 MgO/SBA-15 预处理方法可以有效提高玉米秸秆的总产气量。

3.3.1.2　预处理对日产气量的影响研究

经微波辅助不同含量 MgO/SBA-15 预处理玉米秸秆的厌氧消化日产气量如图 3-7 所示。与未预处理组相比，经微波消解后的 3 组玉米秸秆很快进入日产气高峰，然后进入产气低谷，随之出现次高峰和次低谷。与对照组相比，添加固体碱的 2 组日产气量趋势相似，都是在第 7 天达到日产气高峰，比对照组的日产气高峰提前 4 天。以 10％MgO/SBA-15 预处理的玉米秸秆组为例，日产气量从第 6 天开始迅速增加，在第 7 天达到产气高峰 325mL，第 8 天短暂停留后，从第 9 天开始日产气量大幅下降；第 13～23 天日产气量有比较小的波动，基本维持在 159.64mL 左右；从第 24 天开始经过短暂停留后下降到平均 72mL

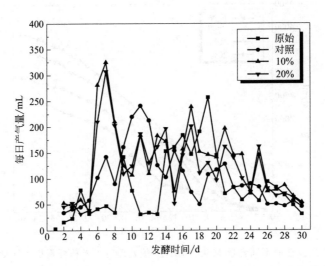

图 3-7　微波辅助不同含量 MgO/SBA-15 预处理玉米秸秆对日产气量的影响

左右，稳定一段时间后日产气量逐渐下降，直至最后基本不排液。分析认为出现这种现象的原因如下：①玉米秸秆在微波消解预处理过程中，高温、高压的环境使得纤维素和半纤维素部分溶解，随之在玉米秸秆表面形成许多微孔；②添加固体碱后，碱溶解部分木质素，打破了原有纤维素、半纤维素和木质素紧密包裹的结构，使得大量易被微生物降解的纤维素和半纤维素裸露出来，更利于发酵液中产酸菌和产甲烷菌的吸附、降解，也利于产酸菌和产甲烷菌自身生长、繁殖和产气；③随着厌氧消化反应的进行，裸露的易被降解的组分逐渐消耗殆尽，未裸露的组分由于各种化学键的包裹作用，不易被微生物降解，最终微生物因缺乏可降解有机物导致生长繁殖速度减慢，产气量迅速下降，直至停止产气。

玉米秸秆经过预处理，底物的可生物降解性得到提高。若底物有机负荷再提高，易导致厌氧发酵过程中间产物有机酸的过量积累，系统因酸败导致产气失败。利用材料领域中常见的 SBA-15 分子筛负载 MgO，主要是由于 MgO 是碱性氧化物，具有碱性氧化物的通性。玉米秸秆预处理后 MgO 被附带进入厌氧消化系统，因其容易吸收水分和二氧化碳能逐渐成为碱式碳酸镁，进而生成氢氧化镁。氢氧化镁呈微碱性，这对水解酸化过程中有效中和有机酸起到关键作用，能在一定程度上调控发酵系统的 pH，有利于秸秆厌氧消化的进行。结合图 3-2、图 3-3 的结论，以及日产气高峰出现时间和固体碱添加量，证明以微波辅助 10%

MgO/SBA-15 预处理的玉米秸秆产气效果更优。

3.3.2 对厌氧消化时间的影响研究

厌氧消化时间反映了玉米秸秆消化性能和消化效率，其长短表明相同厌氧消化时间内降解玉米秸秆量的多少。50％和90％最大产气量厌氧消化时间一般指厌氧消化产生的累积产气量分别达到最大产气量的50％和90％所需的时间[143]，以 T_{50} 和 T_{90} 表示。经微波辅助不同含量 MgO/SBA-15 预处理玉米秸秆的厌氧消化时间如表 3-4 所示。与未预处理组相比，3 组经微波消解后的秸秆 90％最大产气量厌氧消化时间较之分别缩短了 1d、2d 和 2d；与对照组相比，添加 MgO/SBA-15 的 2 组 90％最大产气量厌氧消化时间较之均提前 1d。结合图 3-2、图 3-3、图 3-6 和图 3-7 的结果，试验结果表明：单一微波消解（未添加固体碱）预处理玉米秸秆仅能通过溶解部分半纤维素增大其比表面积，对提高底物可生物降解性、总产气量和缩短厌氧消化时间并无很大促进作用；添加固体碱后，微波辅助 MgO/SBA-15 预处理方法能有效提高玉米秸秆的产气效率，在工程上能够有效地减少水力停留时间。

表 3-4 不同预处理对厌氧消化时间的影响

项目	原始	对照	10％MgO/SBA-15	20％MgO/SBA-15
总产气量/mL	2493	2916	3871	3515
50％最大产气量/mL	1231	1473	1944	1852
T_{50}/d	17	13	14	14
90％最大产气量/mL	2262	2665	3416	3069
T_{90}/d	26	25	24	24

3.3.3 对单位 VS 产气量的影响研究

在玉米秸秆化学结构中，半纤维素同纤维素是通过氢键结合的，同木质素通过共价键结合（主要是酯键）。微波辅助 MgO/SBA-15 处理条件下，MgO/SBA-15 对酯键的破坏、对半纤维素的脱除和溶出起着相当大的作用，木质素与半纤维素均有不同程度的降解（如图 3-2 所示），能促使更多纤维素暴露出来，使其更容易被水解产酸菌吸附降解，并将纤维素、半纤维素转化为产甲烷菌可利用的底物。由图 3-8 可知，微波辅助不同含量 MgO/SBA-15 预处理对玉米秸秆单位产气量的影响并未随着固体碱含量的增加而增加，其中以 10％碱含量的单位 VS

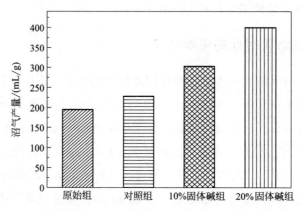

图 3-8　微波辅助不同含量 MgO/SBA-15 预处理对玉米秸秆单位产气量的影响

产气量最高，为 302.54mL/g，分别比空白组（194.84mL/g）、对照组（227.90mL/g）和 20％碱含量组（274.72mL/g）提高了 55.28％、32.75％和 10.13％。结果表明，经 10％ MgO/SBA-15 预处理后的玉米秸秆，底物中能被微生物降解利用的有机质含量提高最多，单位 VS 产气量最大。

3.3.4　对容积产气率的影响研究

根据杜静的报道[144]，相同反应体积条件下容积产气率 ［L/(L·d)]越高，最终沼气产量越高。微波辅助不同含量 MgO/SBA-15 预处理对玉米秸秆容积产气率的影响如图 3-9 所示。4 组容积产气率的变化趋势与日产气趋势相似。除去空白组，与对照组相比，添加 MgO/SBA-15 预处理后的 2 组容积产气率的变化趋势接近，都是发酵过程中出现 2 个产气高峰，即在第 7 天出现高峰然后进入低谷，随之出现次高峰和次低谷。以添加 10％MgO/SBA-15 为例，与对照组相比，容积产气率在第 7 天达到高峰，比对照组的日产气高峰提前 4d。经 10％ MgO/SBA-15 预处理的玉米秸秆日最大容积产气率与经 20％ MgO/SBA-15 预处理的日最大容积产气率在同一天，但容积产气率却高于 20％组。经 10％MgO/SBA-15 预处理的玉米秸秆，容积产气率从第 6 天开始迅速增加，在第 7 天达到产气高峰 ［0.65L/(L·d)]，第 8 天短暂停留后，从第 9 天开始容积产气率大幅下降；第 13～23 天有比较小的波动，基本维持在 0.32L/(L·d) 左右；从第 24 天开始经过短暂停留后下降到平均 0.14L/(L·d) 左右，稳定一段时间后容积产气率逐渐下降，直至最后不产气。

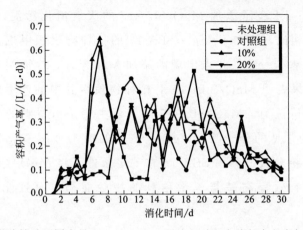

图 3-9　微波辅助不同含量 MgO/SBA-15 预处理对玉米秸秆容积产气率的影响

3.3.5　微生物毒性试验

依据本章节的试验设计，试验中 MgO/SBA-15 的添加量为 1.50g。为验证 MgO/SBA-15 对微生物的毒性作用，参考 Palatsi[145] 的毒性试验设计思路，该试验利用每日甲烷产量及累积甲烷产量 2 个指标进行评估，如图 3-10 所示。每支发酵瓶中接种物 171.99g（约 300mL）、MgO/SBA-15 1.50g 和葡萄糖 1.92g（其中接种物与葡萄糖按 VS：COD=10：1 计）[89]。空白组只添加等量的接种物和葡萄糖。图 3-10 中 A1 表示未添加 MgO/SBA-15 的

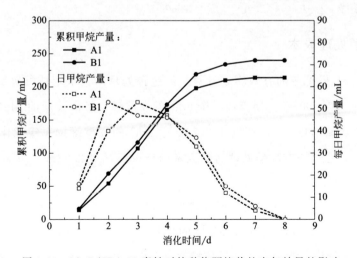

图 3-10　MgO/SBA-15 毒性对接种物预培养的产气效果的影响

厌氧消化污泥；B1 表示添加 MgO/SBA-15 的厌氧消化污泥。由图 3-10 可知，与空白组相比，添加了 MgO/SBA-15 的接种物累积甲烷产量和日甲烷产量趋势与其基本一致，并未出现因添加 MgO/SBA-15 而引起的产气抑制现象。试验结果表明 MgO/SBA-15 对接种物预培养中的产甲烷菌的活性基本无影响。分析认为，MgO/SBA-15 的无毒主要是由材料的化学性质决定的。SBA-15 为常见的分子筛；MgO 是典型的碱土金属氧化物，无臭、无毒、无味，为粉末状。利用 SBA-15 在一定条件下将 MgO 吸附制成新型固体碱，不仅能有效提高碱与玉米秸秆的接触面积，而且能减少 MgO 的损失。

3.4　预处理成本分析

在第 1 章详细阐述了利用农作物秸秆厌氧消化产沼在新能源领域的重要性，同时也指出影响秸秆厌氧消化产沼的主要因素，重点分析了提高秸秆厌氧消化产沼气的可能发展方向。由于农作物秸秆特殊的物理-化学性质，借助预处理方法可以有效提高秸秆的比表面积，达到质地改善和提高产气量的目的。但站在技术推广应用的角度，产气运行的经济成本，尤其是预处理成本不可忽略。本小节对微波辅助 MgO/SBA-15 预处理方法进行可行性分析，以期为秸秆预处理的推广应用提供参考。

3.4.1　预处理成本

以 300mL 发酵瓶的有效容积计算，经过预处理后，玉米秸秆厌氧消化 30d 总产气量为 3871.00mL。换算成一个 $8m^3$ 的发酵罐，经微波辅助 MgO/SBA-15 预处理后，厌氧消化 30d，产气 $103.23m^3$。$8m^3$ 的发酵罐按每年工作 4 个月计（只算夏季），经过该方法预处理后的玉米秸秆可产气 $412.92m^3$。消耗的玉米秸秆量约为 1.60t。

以微波辅助 MgO/SBA-15 预处理方法计算，1.60t 玉米秸秆需要固体碱（MgO/SBA-15）160kg。其中，MgO 的价格是 5.60 元/kg，SBA-15 的价格是 18 元/kg（本价格是按南开大学环境科学与工程学院网上试剂采购平台价格进行计算的，不代表市售平均价格），材料成本共计 2700.46 元。

3.4.2 能耗费用

以微波辅助 MgO/SBA-15 预处理方法计算，其能耗来源是电和水，按 2017 年 3 月份天津市水的价格计为 4.40 元/m^3，电的价格为 0.49 元/度，处理 1.60t 玉米秸秆需要 70.40 元水费和 37022.22 元电费。（按 1h 1 度电计，$\dfrac{1.6 \times 10^6 g}{6} \times$ 170min$=7.56 \times 10^4$h。其中，6 为微波消解仪中消解罐的个数；170min 为处理一次需要的时间。）

虽然该方法是基于新型催化材料制备的基础上提出的，试验结果也证实了 MgO/SBA-15 能有效去除玉米秸秆中的部分木质素和半纤维素，提高纤维素的含量和底物的可生物降解性。但该法预处理的过程无法有效避免废液的产生及排放，且预处理后物质损失严重，既对环境造成了二次污染，又不利于厌氧消化产气的进行。加之处理条件苛刻（高温、高压）、处理量少，目前暂时还不具实用性。

3.5 小结与展望

3.5.1 小结

为了改善玉米秸秆的质地结构，提高厌氧消化速率，缩短装置启动时间，提高产气量，本章节提出了微波辅助 MgO/SBA-15 预处理方法。该方法对玉米秸秆物理-化学结构的改变以及产气的影响试验结果如下所示：

① 试验证明，与对照组（单一微波预处理）相比，经 MgO/SBA-15 预处理的秸秆中纤维素、半纤维素回收率有所提高。当 MgO/SBA 15 含量为 10％时 (g/g 底物)，玉米秸秆累积沼气产量和单位 VS 产气量最大，分别为 3871mL 和 302.54mL/g。累积产气量比对照组及碱含量为 20％组分别提高了 32.75％和 10.13％；单位 VS 产气量分别提高 55.28％和 41.00％；比这两组的 T_{90} 分别提前了 1d 和 0d。与对照组相比，经 20％ MgO/SBA-15 预处理后的秸秆总产气量提高了 20.54％；单位 VS 产气量提高了 41.00％；90％最大产气量厌氧消化时间较之提前了 1d。

② 研究发现，微波辅助 MgO/SBA-15 预处理方法用于提高玉米秸秆厌氧消

化产沼是有效的。

③ 研究揭示，微波辅助固体碱比单一微波预处理对提高玉米秸秆比表面积、纤维素含量、产气效率，缩短厌氧消化时间效果更显著。

3.5.2 展望

虽然微波辅助 MgO/SBA-15 预处理玉米秸秆对改善发酵底物的质地结构和提高产气量是有效的，但综合预处理剂的费用以及能耗费用，该方法目前还不具备实用性，针对推广应用，下一步还需进一步研究。

4　Ca(OH)₂固态温和预处理试验研究

固态预处理[55]是碱处理的另一个重要发展方向。该法可以使底物充分吸收水分而没有额外流动水存在。此法虽然避免了废液的产生，但却需要高浓度碱、大量接种物、较长处理时间和更多氮源[146,147]，成本效益和推广应用因此受到很大的局限。根据文献报道，现有 pH 值调整剂的类型[17]有 $NaHCO_3$、$Ca(HCO_3)_2$、$CaCO_3$ 等。厌氧消化系统中针对碱度的调节，若有 Na^+ 或 Ca^{2+} 的存在会使系统碱度变高。因此，在碱试剂的选取上，尽可能选择带有 Na^+ 或 Ca^{2+} 的化学试剂。

碱化学预处理均能显著提高秸秆的比表面积，但不同的碱对秸秆的处理效果不同，按文献报道的碱性强弱比，$KOH > NaOH > Ca(OH)_2 > $ 氨水，其中 $Ca(OH)_2$ 以其廉价易得的优势备受关注。据报道，根据 $Ca(OH)_2$ 的溶解特点，$Ca(OH)_2$ 预处理大多是在室温或低温下进行的[7,9,148,149]。弱碱若要达到强碱的处理效果，所需的化学剂量很高，但 Ca^{2+} 浓度过高会对微生物的生长有抑制甚至是毒性作用[23]。根据文献报道，碱处理对底物可溶性及生物甲烷产量的影响会随着温度的升高在一定范围内（40~80℃）更显著[150,151]。F. Monlau 在报道中提到相同碱含量（4%）、处理温度（55℃）和处理时间（24h）条件下，分别经过 $Ca(OH)_2$ 和 NaOH 处理后固体残留物的三素组分很接近[152]，结果表明，一定范围内提高预处理的温度能替代一部分弱碱试剂，降低预处理成本的同时，还达到强碱的预处理效果。

基于上述研究背景，本研究提出 $Ca(OH)_2$ 固态温和预处理方法。试验以农田自然风干的玉米秸秆为原料，选择氢氧化钙作为碱试剂，采用物理-化学联合法，对玉米秸秆进行预处理。本试验将 SCOD、VFA、pH、还原糖以及固态组分作为评价指标，是因为预处理除了要破坏木质素对半纤维素、纤维素的包裹作用，降低纤维素的结晶度外，还要提高底物的可溶性以及可生物降解性。通过对原料预处理前后底物组分以及结构的变化进行研究探讨碱处理的效果；以累积产气量、日产气量、单位 VS 产气量、厌氧消化时间为指标，探讨不同碱预处理对玉米秸秆厌氧消化产气的影响。最后，对该法进行可行性和经济性分析。

4.1 试验设计

4.1.1 试验材料、仪器及试剂

4.1.1.1 试验材料

玉米秸秆的来源与 2.1.1.1 小节所述的一致。

接种物为实验室自己培养的接种物，为第 2 章中 1# 组接种物。接种物使用前于 35℃ 预培养并脱气一周，消除背景甲烷值[19,83]。表 3-1 所列为本试验所用的底物及接种物的理-化性质。

4.1.1.2 试验仪器

试验所需的检测仪器详见 2.1.1.2 和 3.1.1.2 小节。

4.1.1.3 试验试剂

试验所用的试剂及溶液详见 2.1.1.3 和 3.1.1.3 小节。

4.1.2 预处理

基于前期试验结果，为了减少化学剂量、缩短处理时间，固态预处理的含水率定为 80%[153]；基于 M. Peces、G. D. Girolamo[34]、Fabiana Passos[154]、Xiaocong Liao 等人[155] 的报道，处理温度选择 40℃、60℃ 和 80℃。首先，将 $Ca(OH)_2$ 分别配成浓度为 6%、8%、10% 的碱溶液备用；其次，将玉米秸秆分成若干100g的小份并置于2L的塑料瓶中，将预先配好的三种浓度的 $Ca(OH)_2$ 溶液分别与玉米秸秆按固液比（质量比）约1∶4混合，含水率为80%［由式（4-1)[156] 确定］，玻璃棒搅拌均匀；最后，用封口膜将塑料瓶口密封，分别置于40℃、60℃和80℃的烘箱中处理12h、24h和48h。预处理过程中没有任何搅拌或振动。预处理后，预留一小部分用于溶出物和固体相关组分的测定。

$$含水率 = \left(1 - \frac{a}{b+c}\right) \times 100\% \tag{4-1}$$

式中　　a——玉米秸秆干物质的量；

　　　　b——原始玉米秸秆的质量；

　　　　c——水的质量。

4.1.3　厌氧消化试验

经 $Ca(OH)_2$ 预处理后的玉米秸秆，底物直接用于厌氧消化试验。依据本实验室自行搭建的厌氧消化装置条件及前期预试验结果，厌氧消化底物的 TS 值设定为5%。底物与污泥（按 VS 计）比值为1。添加完底物与接种物后，用去离子水补足剩余体积到300mL（发酵瓶总体积为500mL）。为避免厌氧发酵过程的酸败，在各发酵瓶中添加定量的 NH_4Cl 用以调节 C/N，使 C/N＝25∶1。然后用1mol/L 的 HCl 或 $Ca(OH)_2$ 调节发酵初始 pH 值为 7.5～7.7[133]。氮吹扫5min 造成厌氧环境并密封，置于（37.0±0.5)℃恒温条件下发酵，逐日记录产气量。玉米秸秆未处理的作为空白组。数据采集从接种后的第二天开始[134]。每天手动摇瓶2次，每次5min，并定时测定排液量。除非文内另有说明，所有试验均设三个平行试验。只含接种物和水的发酵系统作为空白组用以校正产气结果。

4.1.4　分析与计算方法

同3.1.4小节的内容。

4.2　预处理对组分变化规律的研究

4.2.1　预处理对溶出物的影响研究

预处理过程中的溶出物对后续厌氧消化有影响，如还原糖可以被微生物降解、利用，而碱溶木质素则无法被利用，浓度过高反而会抑制厌氧消化过程[157]。因此，对固体预处理后的溶出物组分进行进一步分析很有必要。根据郑明霞报道的结果[156]，固态预处理不是随着碱含量的提高处理效果变好。为了重点考察不同处理温度对处理效果的影响，图 4-1 的数据主要提供不同温度对预处理的影响❶。

由图 4-1（a）的结果可知，经不同温度预处理后的玉米秸秆，其可溶性有机物的量随着温度的提高有所上升，但上升幅度不大。分析认为 SCOD 值提高不明显的原因与秸秆的生长期有关。试验所用材料为田地自然风干的完熟期玉米秸秆。根据牛文娟的报道，完熟期作物秸秆可溶性糖含量最低[158]，纤维素和半纤维素含量有所上升。与 a 组相比，b 组、d 组、f 组分别提高了 12.07％、18.99％和 31.65％；与 b 组、d 组、f 组相比，c 组、e 组、g 组分别提高了 20.29％、23.68％和 13.79％。SCOD 的结果表明，在一定范围内提高处理温度，SCOD 中的纤维素和半纤维素能有所降解，这一结果与郑万里的报道结果一致[151]。添加 $Ca(OH)_2$ 后，碱能降解木质素及部分半纤维素[7,50,108]，与各组对照 SCOD 值相比，提高的部分应为溶出的碱木素及半纤维素的含量。

但 SCOD 是一个相对宏观的指标，微生物能降解利用的物质是还原糖或短链 VFA（如乙酸、丙酸和丁酸）。经过预处理，即使 SCOD 的值提高了，若还原糖的值不高，微生物没有充足的原料反应，生长、繁殖速度受到限制，仍然不利于提高整体发酵效率。由图 4-1（b）的结果可知，碱或温度对处理后还原糖的含量提高均有效果，但碱与温度联合处理的效果会随着碱含量的升高变得更明显。与对照组 b 组、d 组、f 组相比，添加相同碱含量的 c 组、e 组、g 组随着温度的升高，还原糖量逐渐上升，较之分别提高了 28.67％、55.69％和 53.14％。分析认为出现这种现象的原因是碱与半纤维素作用的结果。半纤维素的聚合度多在 80～200 之间，与纤维素相比聚合度很低。在碱性条件下，纤维素会发生碱性降解（分子链断裂）生成葡萄糖；半纤维素会溶解生成小分子糖类[19,108,148]。同时，由于秸秆中某些乙酰基组分水解产生了有机酸（如乙酸)[144]，预处理后的 pH 值降低。而水解生成的有机酸又可以促进半纤维素水解产糖，提高了底物的可生物降解性，有利于产气的进行[159,160]。

乙酸作为甲烷发酵的重要中间产物，量的多少决定了产甲烷菌生长、代谢的

---

❶ 样品的制备：预处理后的玉米秸秆，将一部分固体按固液比为 1∶10 浸泡在蒸馏水中振荡摇匀，然后用 20 目筛子将固液分离。液体过 0.45μm 的水系膜后，以 8000r/min 离心 15min，溶液稀释相应倍数后用于测定还原糖；固体用去离子水洗净后于 60℃烘干，用于组分分析（纤维素、半纤维素和木质素）。

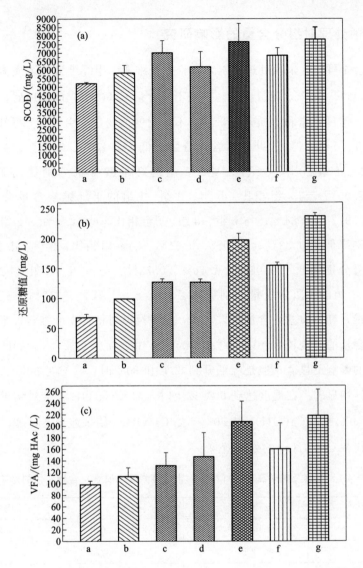

图 4-1　不同温度及不同浓度碱对 SCOD、还原糖和 VFA 变化的影响

（a）对 SCOD 的影响；（b）对还原糖的影响；（c）对 VFA 的影响

a—原始；b—40℃；c—40℃，6% Ca(OH)$_2$；d—60℃；e—60℃，6% Ca(OH)$_2$；

f—80℃；g—80℃，6% Ca(OH)$_2$

速度。为了明确碱和温度是否会对完熟期玉米秸秆中的水溶性有机酸含量产生影响，试验借助 VFA 指标进行分析。由图 4-1（c）的结果可知，与对照组 a 相比，b～g 组的 VFA 值均有不同程度的提高，其中，与 b 组、d 组、f 组相比，c 组、e 组、g 组较各自对照组分别提高了 16.81%、41.21% 和 36.02%。

4.2.2 预处理对组分含量的影响研究

由表 4-1 可知，未预处理的玉米秸秆中纤维素、半纤维素和木质素的含量分别为 40.00%、18.26% 和 11.02%。经不同含量 Ca(OH)₂ 预处理后，玉米秸秆中纤维素、半纤维素和木质素含量均有不同程度的变化。由表 4-1 可知，与 a 组相比，b 组、d 组、f 组的纤维素含量分别降低了 0.28%、0.32%、0.89%。与 b 组、d 组、f 组相比，c 组、e 组、g 组的纤维素含量分别提高了 2.85%、4.23%、5.05%。与 a 组相比，b 组、d 组、f 组的半纤维素含量分别降低了 0.52%、0.97%、1.84%；与 b 组、d 组、f 组相比，c 组、e 组、g 组的半纤维素含量分别降低了 0.33%、0.60%、0.64%。与 a 组相比，b 组、d 组、f 组的木质素含量分别降低了 0.05%、0.41%、0.72%；与 b 组、d 组、f 组相比，c 组、e 组、g 组的木质素含量分别提高了 0.85%、1.76%、2.2%。三素（纤维素、半纤维素和木质素）含量结果表明，温度及碱对秸秆中纤维素、半纤维素及木质素的含量的影响较大。以半纤维素为例，40℃ 与 40℃ 加入 Ca(OH)₂ 对半纤维素含量的影响不显著；但是温度升到 60℃ 和 80℃ 时，40℃ 与 60℃、80℃ 之间的结果差异均显著。在温度达到 60℃ 以上时，加入 Ca(OH)₂ 会对结果产生显著影响；但 60℃ 加入 Ca(OH)₂ 与 80℃ 不加 Ca(OH)₂ 结果差异不显著，说明升温能够部分代替 Ca(OH)₂ 的处理效果。

表 4-1 温度及碱对三素（纤维素、半纤维素和木质素）含量变化的影响

分组	纤维素/%	半纤维素/%	木质素/%
a：原始	40.00±0.02a	18.26±0.01a	11.02±0.00a
b：40℃	39.72±0.39a	17.74±0.27a	11.07±0.30a
c：40℃，6% Ca(OH)₂	42.57±0.47b	17.41±0.52a	10.22±0.11b
d：60℃	39.68±0.53a	17.29±0.21b	11.43±0.20c
e：60℃，6% Ca(OH)₂	43.91±0.52b	16.69±0.25c	9.67±0.28d
f：80℃	39.11±0.19a	16.42±0.28c	11.74±0.54c
g：80℃，6% Ca(OH)₂	44.16±0.22b	15.78±0.30d	9.54±0.53d

注：不同字母表示不同浓度之间的差异性显著（$P<0.05$）。

4.2.3 预处理对表面结构的影响研究

结合杜静的报道[144]，试验结果表明一定温度和碱剂量能提高预处理后可溶物的组分。碱对提高作物秸秆的处理效果的报道较多[53,54,103,107]，但对温度的处理效果却鲜有报道。通过对比预处理前后玉米秸秆的电镜图片（如图 4-2 所示），从微观形态上看，b 组、c 组和 d 组在添加相同 Ca(OH)$_2$ 剂量时，发现随着温度的提高，玉米秸秆的比表面积明显增大，逐渐出现撕裂、褶皱和凸起，产生许多微孔。与原始秸秆对比，通过温和湿热预处理，玉米秸秆的比表面积有所增加，结果表明预处理对提高玉米秸秆的比表面积效果显著。

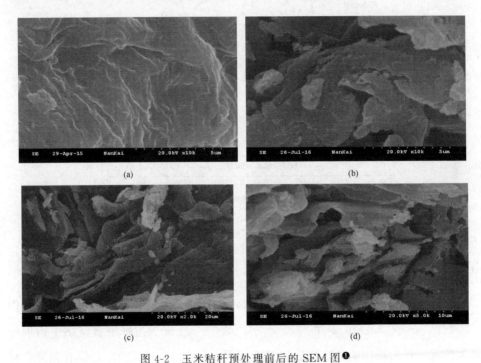

图 4-2　玉米秸秆预处理前后的 SEM 图❶

(a) 原始；(b) 40℃，6％Ca(OH)$_2$；(c) 室温，6％ Ca(OH)$_2$；(d) 60℃，6％ Ca(OH)$_2$

4.2.4 预处理对官能团的影响研究

由图 4-3 可知，几组红外谱图基本相同，在 3322cm^{-1}、2920cm^{-1}、1362cm^{-1}、

---

❶（a）的电镜图片放大 1000 倍；(b)～(d) 的电镜图片均放大 5000 倍。

1192cm^{-1} 处均有强吸收峰，这分别是由于纤维素 O—H、C—H、C—O—C、C—OH 和分子内氢键的伸缩、弯曲振动引起的；在 835cm^{-1} 处的吸收峰代表了纤维素 β-糖苷键的振动。这几处强吸收峰说明预处理后的秸秆依旧存在大量纤维素。在 3429cm^{-1}、1642cm^{-1}、1730cm^{-1} 处的强吸收带是来自半纤维素上—OH 的伸缩振动的信号，说明预处理后半纤维素也存在。从 FTIR 谱图中发现，在 1512cm^{-1} 和 1600cm^{-1} 处发现了芳香环所特有的吸收峰，说明处理后的玉米秸秆中仍有木质素的存在。

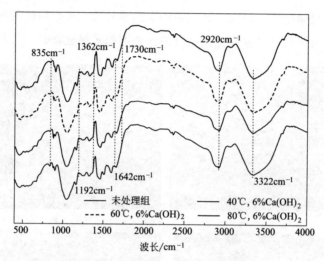

图 4-3   预处理前后玉米秸秆的红外谱图

4.2.5   预处理对结晶度的影响研究

借助 XRD 谱图可用来分析预处理前后玉米秸秆中的纤维素降解情况。由图 4-4 可知，在 14.7°、16.4°和 22.5°（2θ）处[161] 发现了与纤维素谱图中衍射峰类似的峰。虽然谱图中的几组形状基本相同，但在 16.4°（2θ）处却有差异，峰头变得平缓，谱图结果表明处理后的秸秆中仍有纤维素的存在，但预处理却使玉米秸秆中的纤维素形态结构发生了变化。与对照组相比，添加 Ca(OH)$_2$ 的 3 组衍射峰在测试图中的 16.4°（2θ）处较为平缓，但各样品的峰位置没有发生变化。XRD 的谱图表明，经过 Ca(OH)$_2$ 预处理后的玉米秸秆中纤维素的无定形区和结晶区均遭到不同程度的破坏，结晶度有所降低。预处理后的玉米秸秆更有利于微生物及酶的附着、降解。

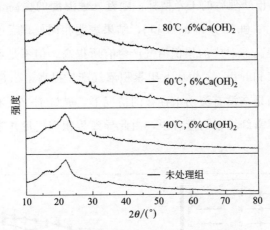

图 4-4　预处理前后玉米秸秆的 XRD 谱图

4.3　预处理对厌氧消化产气的影响研究

4.3.1　预处理对产气的影响研究

4.3.1.1　预处理对累积产气量的影响研究

经不同含量 $Ca(OH)_2$ 预处理玉米秸秆的厌氧消化总产气量的变化如图 4-5 所示。由图 4-5 可知，玉米秸秆经不同温度与碱含量处理后的沼气产量差异较大。与未预处理组相比，对照组（b、c、d）的沼气产量随着处理温度的上升而上升。结合图 4-1（b）和（c）的数据，说明以一定温度预处理不仅能提高溶出物中还原糖和 VFA 含量，还能提高沼气产量。与对照组相比，厌氧消化 30d 后，3 组添加 $Ca(OH)_2$ 预处理后的玉米秸秆累积产气量均呈明显增长趋势，其中，e 组和 f 组比对照组 b 组分别提高了 14.73％和 21.99％，g 组和 h 组比对照组 c 组分别提高了 14.49％和 11.27％，i 组和 j 组分别比对照组 d 组提高了 0.62％和 3.91％。累积产气结果表明处理温度与碱联合预处理对提高沼气产量有益。分析认为出现这种现象的原因是固态预处理过程中，碱处理使部分半纤维素得到降解生成的还原糖并未流失，而是吸附在秸秆表面，加之处理后的秸秆表面出现微孔，利于微生物的吸附，且纤维素的含量提高有利于微生物的利用。由此导致 3 组经过预处理的累积产气量要高于对照组。对比 e、g、j 三组数据，相

77

同含量 Ca(OH)$_2$ 预处理后的玉米秸秆，随着处理温度的提高，其累积沼气产量
也有所增加。对比 e 和 f、g 和 h、i 和 j，结果表明相同处理温度条件下，随着预
处理中碱含量的提高，对应的累积沼气产量有所提高，但不是预处理中碱含量越
高越好，对比 g 组和 h 组，g 组比 h 组累积沼气产量提高了 2.89%。分析认为出
现这种现象的原因是在没有流动水存在的情况下，碱试剂与玉米秸秆表面的接触
面积有限，能够裸露纤维素的量有限，由此导致累积产气量并未随碱含量的增加
而增加。

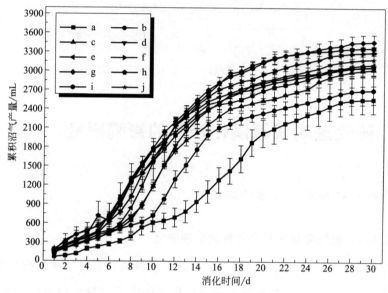

图 4-5　不同碱含量对累积产气量的影响

a—空白；b—40℃；c—60℃；d—80℃；e—40℃，6% Ca(OH)$_2$；

f—40℃，8% Ca(OH)$_2$；g—60℃，6% Ca(OH)$_2$；h—60℃，8% Ca(OH)$_2$；

i—80℃，6% Ca(OH)$_2$；j—80℃，8% Ca(OH)$_2$

4.3.1.2　预处理对日产气量的影响研究

为方便描述日产气结果，图 4-6（a）所示为对照组与空白组的日产气结果；
图 4-6（b）为经不同温度和不同含量 Ca(OH)$_2$ 预处理玉米秸秆的厌氧消化日产
气量。由图 4-6（a）可知，与未预处理组相比，经不同温度预处理后的 3 组玉米
秸秆在第一天出现第一个产气高峰，但产气差距不大；随后 3 组进入产气低谷，
又在第 10～12 天先后出现第二个产气高峰，再出现次低谷，直至产气结束。对
照组每组两个产气高峰的出现时间相差不大，最大日产气量较空白组有所提高。

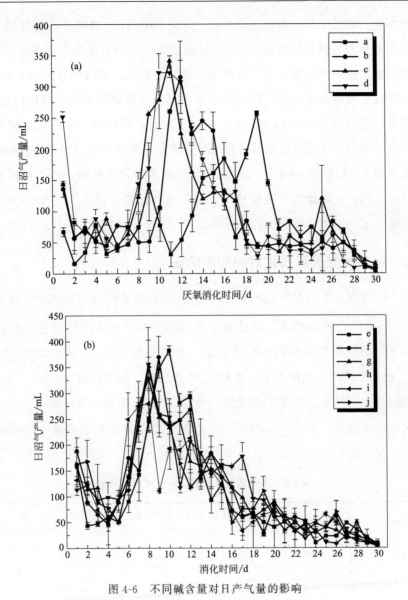

图 4-6　不同碱含量对日产气量的影响

（a）对照组；（b）不同温度与碱处理组

a—空白；b—40℃；c—60℃；d—80℃；e—40℃，6% Ca(OH)₂；

f—40℃，8% Ca(OH)₂；g—60℃，6% Ca(OH)₂；h—60℃，8% Ca(OH)₂；

i—80℃，6% Ca(OH)₂；j—80℃，8% Ca(OH)₂

由图 4-6（b）可知，添加 Ca(OH)₂ 的 6 组日产气趋势基本相似，都是在第一天出现第一个产气高峰，然后进入产气低谷；在第 8～10 天，各组先后出现第二个产气高峰，然后进入次低谷，直至产气结束。对比 2 个产气高峰，第一个产气高峰相差不大，第二个产气高峰，以 60℃、6% Ca(OH)$_2$ 处理条件的日产气量最大，比对照组和 h 组分别提高了 27.83% 和 8.70%。分析认为出现这种产气现象的原因与溶出物中还原糖含量以及纤维素的含量有关。参考图 4-1（b）的结果，溶出物中还原糖的含量越高，微生物短期内可利用的底物越多，适应环境越快，产气越高，但与 SCOD 值相比，还原糖含量较低，所以第一个产气高峰及时间差距不大。但由于不同温度及碱含量对预处理后玉米秸秆中纤维素的含量影响较大（参考表 4-1 数据），随着产气的进行，纤维素的含量越高，微生物可利用的底物越多，其产气量越高。根据日产气量的试验结果，以 60℃、6% Ca(OH)$_2$ 预处理条件下的玉米秸秆产气效果更优。

4.3.2 预处理对厌氧消化时间的影响研究

经不同温度及不同含量 Ca(OH)$_2$ 预处理后的玉米秸秆厌氧消化时间如表 4-2 所示。与未预处理组相比，经过预处理后的玉米秸秆其产气量达到总产气量 50% 和 90% 的厌氧消化时间均有所提前。与对照组（b、c、d）相比，添加 Ca(OH)$_2$ 的 6 组其 T_{50} 差距不大，都是第 10 天达到；在 T_{90} 时，e 组、f 组、g 组和 h 组到达总产气量 90% 的时间最短，为 19d，但 g 组的产气量最高。由厌氧消化时间的结果表明，60℃、6% Ca(OH)$_2$ 预处理条件能有效提高玉米秸秆的产气效率，在工程上能够有效地减少水力停留时间。

表 4-2 不同预处理对厌氧消化时间的影响

分组	总产气量/mL	50%最大产气量/mL	50%最大产气量的消化时间（T_{50}）/d	90%最大产气量/mL	90%最大产气量的消化时间（T_{90}）/d
a:空白组	2563	1284	15	2311	23
b:40℃	2708.5	1296	12	2430.5	23
c:60℃	3029.5	1520	11	2724.5	23
d:80℃	3072	1518.5	11	2769.5	20
e:40℃，6% Ca(OH)$_2$	3107.5	1571.5	10	2770.5	19
f:40℃，8% Ca(OH)$_2$	3304	1626.5		2953	19
g:60℃，6% Ca(OH)$_2$	3468.5	1791	10	3138.5	19

续表

分组	总产气量/mL	50%最大产气量/mL	50%最大产气量的消化时间(T_{50})/d	90%最大产气量/mL	90%最大产气量的消化时间(T_{90})/d
h:60℃，8% Ca(OH)$_2$	3371	1758.5	10	3094	19
i:80℃，6% Ca(OH)$_2$	3091	1582.5	10	2754	20
j:80℃，8% Ca(OH)$_2$	3192	1523.5	9	2879.5	20

4.3.3　预处理对单位 VS 产气量的影响研究

厌氧消化 30d 后，不同温度及碱含量对玉米秸秆单位 VS 产气量的影响如图 4-7 所示。与空白组相比，对照组（b、c、d）的单位 VS 产气量分别提高了 5.68%、18.20% 和 19.86%；与对照组 b 相比，e 组和 f 组的单位 VS 产气量分别提高了 14.74% 和 21.99%；与对照组 c 相比，g 组和 h 组的单位 VS 产气量分别提高了 14.49% 和 11.27%；与对照组 d 相比，i 组和 j 组的单位 VS 产气量分别提高了 0.35% 和 3.91%。对比 i 组和 j 组、h 组和 j 组的结果，单位 VS 产气量并未随着 Ca(OH)$_2$ 浓度的增加而升高。综合单位 VS 产气量的结果表明，以 60℃、6% Ca(OH)$_2$ 预处理的单位 VS 产气量最高。

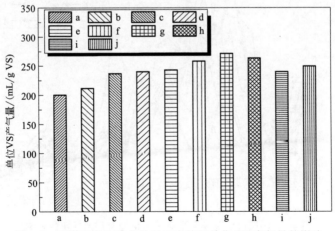

图 4-7　不同温度及碱含量对玉米秸秆单位 VS 产气量的影响

a—空白；b—40℃；c—60℃；d—80℃；e—40℃，6% Ca(OH)$_2$；

f—40℃，8% Ca(OH)$_2$；g—60℃，6% Ca(OH)$_2$；h—60℃，8% Ca(OH)$_2$；

i—80℃，6% Ca(OH)$_2$；j—80℃，8% Ca(OH)$_2$

4.3.4 预处理对容积产气率的影响研究

不同温度及碱含量预处理对玉米秸秆容积产气率的影响如图 4-8 所示。e~j 组容积产气率的变化趋势与日产气趋势相似，都是发酵过程中出现 2 个产气高峰，第一天为第一个产气高峰，然后进入产气低谷，随之出现次产气高峰和次低谷，直至产气结束。以 60℃、8% Ca(OH)$_2$ 预处理条件下玉米秸秆容积产气率数据为例，与对照组 d 相比，容积产气率最大值在第 8 天达到高峰，比对照组提前 3d（第 11 天），容积产气率提高了 14.47%。经 60℃、6% Ca(OH)$_2$ 预处理的玉米秸秆容积产气率高峰与经 60℃、8% Ca(OH)$_2$ 预处理的在同一天（第 8 天），但容积产气率却低了 8.66%。经 60℃、8% Ca(OH)$_2$ 预处理的玉米秸秆，容积产气率从第 1 天开始迅速增加，然后从第 2 天进入产气低谷；在第 8 天达到产气高峰 1.19L/(L·d)，第 10 天短暂停留后，从第 11 天开始容积产气率大幅下降；第 24~25 天有比较小的波动，基本维持在 0.11L/(L·d) 左右；从第 24 天开始经过短暂停留后下降到平均 0.04L/(L·d) 左右，稳定一段时间后容积产气率逐渐下降，直至最后不产气。

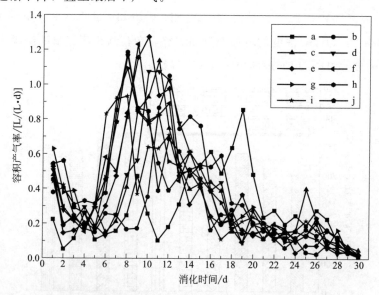

图 4-8　不同温度及碱含量对玉米秸秆容积产气率的影响

a—空白；b—40℃；c—60℃；d—80℃；e—40℃，6% Ca(OH)$_2$；

f—40℃，8% Ca(OH)$_2$；g—60℃，6% Ca(OH)$_2$；h—60℃，8% Ca(OH)$_2$；

i—80℃，6% Ca(OH)$_2$；j—80℃，8% Ca(OH)$_2$

4.4 预处理成本分析

本小节对 Ca(OH)$_2$ 固态温和预处理方法进行经济可行性分析，以期为秸秆预处理的推广应用提供参考。

4.4.1 预处理成本

以 300mL 发酵瓶的有效容积计算，经过预处理后，玉米秸秆厌氧消化 30d 总产气量为 3468.50mL。换算成一个 8m^3 的发酵罐，经 Ca(OH)$_2$ 固态温和预处理后，厌氧消化 30d，产气 92.49m^3。8m^3 的发酵罐按每年工作 4 个月计（只算夏季），经过该方法预处理后的玉米秸秆可产气 369.96m^3。消耗的玉米秸秆量为 1.60t。

以 Ca(OH)$_2$ 固态温和预处理方法计算，1.60t 玉米秸秆需要 Ca(OH)$_2$ 96kg。其中，Ca(OH)$_2$ 按 350 元/t[9] 计，碱试剂共需 33.60 元。

4.4.2 能耗费用

以 Ca(OH)$_2$ 固态温和预处理方法计算，其能耗来源是电和水。其中，电加热部分可以用厌氧消化过程中的余热代替，暂计为 0 元。假设玉米秸秆含水率为 0%，预处理中 80% 的水全部来自外源添加。处理 1.60t 玉米秸秆需要 28.16 元水费。

综合预处理剂的费用以及能耗费用，Ca(OH)$_2$ 固态温和预处理方法的材料费相对比较便宜。且 Ca(OH)$_2$ 固态温和预处理方法可以在常压容器中进行，前期投入较少。预处理方法的经济性、实用性比较强，值得推广应用。

4.4.3 产气对比分析[9,162-165]

微波辅助 MgO/SBA-15 预处理属于湿态预处理，而 Ca(OH)$_2$ 固态温和预处理属于固态预处理。为了便于考察两种不同预处理方法对玉米秸秆厌氧消化性能的影响，在后续的描述中，两种预处理方法均选择最佳预处理方法。微波辅助 MgO/SBA-15 预处理方法的最佳条件是：1g 玉米秸秆加 20mL 液体（10mL 乙醇、10mL 蒸馏水），固体碱含量为 10% MgO/SBA-15，170℃ 高温消解 300min；

Ca(OH)$_2$ 固态温和预处理方法的最佳条件是：含水率 80％，Ca(OH)$_2$ 含量为 6％（g/g），60℃处理 24h。

4.4.3.1 容积产气率

容积产气率是厌氧发酵的重要性能指标。由于农作物秸秆特殊的物理-化学结构，通过适当预处理提高秸秆容积产气率非常关键。结合杜静的报道[144]，在实际运行中，容积产气率高，可以更好地节省占地面积和基建成本。由图 4-9 可知，经两种预处理方法的容积产气率变化趋势基本一致，都是在第 7～8 天出现一个产气高峰，然后开始逐渐下降直至产气停止。但经 Ca(OH)$_2$ 固态温和预处理的容积产气率在第一天比微波辅助 MgO/SBA-15 预处理的要高，容积产气率最大值要大。结合表 4-3 中两种预处理方法的厌氧消化时间，试验结果说明 Ca(OH)$_2$ 固态温和预处理的效果要好，对玉米秸秆厌氧消化装置的启动有利。

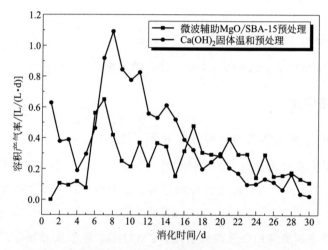

图 4-9　不同预处理方法对玉米秸秆容积产气率的影响

4.4.3.2 厌氧消化时间

厌氧消化时间短，在工程上能够有效地减少水力停留时间[166]。经不同方法预处理后的玉米秸秆厌氧消化时间如表 4-3 所示。与微波辅助 MgO/SBA-15 预处理方法相比，经 Ca(OH)$_2$ 固态温和预处理后的玉米秸秆厌氧消化时间 T_{50} 和 T_{90} 分别提前了 4d 和 5d。虽然经两种预处理方法处理后的累积产气量达到总产气量 50％和 90％时产气量相差不大，但厌氧消化时间的提前却能有效减少水力停留时间。结果表明，Ca(OH)$_2$ 固态温和预处理对缩短玉米秸秆厌氧消化的水力停留时间更有利。

表 4-3 对比两种预处理方法的厌氧消化时间

项目	微波辅助 MgO/SBA-15 预处理方法	Ca(OH)$_2$ 固态温和预处理方法
50%总产气量值	1944	1791
T_{50}	14	10
90%总产气量值	3416	3138.5
T_{90}	24	19

4.4.3.3 单位 VS 产气量

不同预处理方法使得玉米秸秆的可生物降解性有所差异，由此导致的累积产气量差别很大，因此需要对单位 VS 产气量进行对比、分析。何艳峰[103] 在报道中指出，累积沼气产量/VS 的值能反映底物的可生物降解性，其值越高，底物的可生物降解性越好。由表 4-4 的数据可知，Ca(OH)$_2$ 固态温和预处理的单位 VS 产气量较微波辅助 MgO/SBA-15 预处理的要低，说明该预处理方法对底物营养质地改善、提高纤维素含量的能力较弱。但结合两组平均容积产气率以及厌氧消化时间的结果，分析认为 Ca(OH)$_2$ 固态温和预处理对处理后的玉米秸秆厌氧消化产气更有利。

表 4-4 两种预处理方法的产气比较

项目	微波辅助 MgO/SBA-15 预处理	Ca(OH)$_2$ 固态温和预处理
累积产气量/mL	3871	3468.5
平均容积产气率/[L/(L·d)]	0.26	0.39
单位 VS 产气量/(mL/g)	302.54	271.08

4.5 小结与展望

4.5.1 小结

农作物秸秆进行预处理的目的是为了质地改善和营养调节[25]，即提高底物的可生物降解性，使其更易被微生物及酶吸附、降解。为了改善玉米秸秆的质地结构，提高厌氧消化速率，缩短装置启动时间，提高产气量，本章节提出了 Ca(OH)$_2$ 固态温和预处理方法。该处理方法对玉米秸秆物理-化学结构的改变以及产气的影响如下所示：

① 试验证明，经过预处理的玉米秸秆，其累积沼气产量均有所增加。结合产气结果，以 60℃、6% $Ca(OH)_2$ 预处理条件下的产气效果最好，累积沼气产量和单位 VS 产气量最大，分别为 3468.5mL 和 271.08mL/g。累积沼气产量比对照组（60℃）和未预处理组的累积产气量分别提高了 35.33% 和 14.49%；单位 VS 产气量比空白组和对照组分别提高了 35.33% 和 14.49%；T_{90} 比空白组和对照组分别提前了 4d 和 4d。

② 研究发现，温度与碱的联合处理，不是碱含量越高对处理效果和产气效果越好。

③ 研究揭示，仅提高处理温度只能降低纤维素和半纤维素含量，提高木质素含量，但对提高还原糖含量和比表面积作用不大；加入 $Ca(OH)_2$ 后能显著提高纤维素含量，降低木质素和半纤维素含量，对提高还原糖含量和比表面积效果显著。

4.5.2 展望

相比于 MgO/SBA-15 固体碱，$Ca(OH)_2$ 对木质素的溶解能力更好，但溶出的木质素很难被微生物降解利用，浓度过高还会产生抑制作用。下一步，针对碱溶木质素的原理，建立三素（纤维素、半纤维素和木质素）降解反应动力学，揭示碱处理的反应规律。碱溶木质素的问题，从碱木素的含量、分子形态对厌氧消化性能的影响进行研究。

5 固态温和预处理条件优化

根据厌氧消化的原理[108] 以及微生物生长特性，甲烷发酵过程中的微生物只能通过摄取溶解性成分生长、繁殖。溶出物中最重要的成分是还原糖。因此，预处理过程中固形物转化为溶解性物质的反应应当首先考虑。通过预处理使底物的物理强度降低，使固形物转化为易被微生物降解利用的溶解性的还原糖，这对底物的可生化降解有利。由第 4 章的结论可知，不同处理因素对玉米秸秆预处理效果的影响程度不同。为了优化 Ca(OH)$_2$ 的预处理条件，提高玉米秸秆比表面积的同时，增加溶出物中还原糖的含量，使秸秆更利于微生物降解、产气，本章将对 Ca(OH)$_2$ 碱含量、预处理温度和预处理时间三个因素进行优化。

虽然经过 Ca(OH)$_2$ 预处理条件的优化，能有效改善溶出物中还原糖的含量，提高玉米秸秆的比表面积，但 Ca(OH)$_2$ 的预处理效果与 NaOH 和 KOH 这类强碱比，其对木质素的去除能力有限。近年来，多试剂组合预处理是碱处理的又一个重要发展方向[167-169]。它的优势在于在单一碱试剂一次性投加的基础上，充分利用不同碱试剂的优势。Lin Li[169] 报道的用 0.5% KOH 和 2.0% Ca(OH)$_2$ 组合对玉米秸秆进行预处理，产气量比单一碱试剂处理的要高；王健[167] 采用 NaOH 和 Ca(OH)$_2$ 质量比 2:1 组合对玉米秸秆进行预处理，同样获得较高的沼气产量。但综观现有关于组合碱的报道，大多偏向碱含量以及碱的种类对秸秆厌氧消化产气的影响，不同碱配比的报道较少。本章节将在 Ca(OH)$_2$ 最佳预处理条件的基础上，选择 NaOH 与 Ca(OH)$_2$ 进行组合，通过考察两种碱的不同质量配比对秸秆预处理效果及产气的影响，获得最佳组合碱配比。

5.1 试验设计

5.1.1 试验材料、仪器及试剂

5.1.1.1 试验材料

试验所需的玉米秸秆来源详见第 2 章 2.1.1.1 小节。

试验所用的接种物为实验室自行培养的厌氧污泥，培养条件详见第 2 章试验结果。

接种物使用前于 35℃预培养并脱气一周，消除背景甲烷值[19,72]。秸秆及接种物的特性如表 3-1 所示。

5.1.1.2 试验仪器

试验所需的检测仪器详见第 2 章 2.1.1.2 和第 3 章 3.1.1.2 小节。

5.1.1.3 试验试剂

试验所需的试剂及溶液详见第 2 章 2.1.1.3、第 3 章 3.1.1.3 小节。

5.1.2 预处理

5.1.2.1 $Ca(OH)_2$ 固态温和预处理条件优化[170-181]

本研究采用中心组合试验设计，根据 Design-Expert 8.0 软件中的 Box-Behnken 试验设计原理，以玉米秸秆预处理前后溶出物中的还原糖含量作为试验指标；选取不同碱含量（6%、8%和 10%）、预处理时间（12h、24h 和 48h）和处理温度（40℃、60℃和 80℃）3 个因素为自变量，设计 3 因素 3 水平的响应面正交试验。其中，预处理的含水率为 80%。

5.1.2.2 优化组合碱比例

根据 NaOH 与 $Ca(OH)_2$ 单一碱最佳预处理的条件[133,134,136,137,141]，组合碱固态预处理的条件为：碱含量 8%（干物质量），处理温度 60℃，含水率 80%，预处理时间 48h。NaOH 与 $Ca(OH)_2$ 之间按质量比计为 25：75、50：50、

75：25，为方便标注及描述，分别定义为 c 组、d 组和 e 组。其中，a 组为空白组，b 组为对照组［仅 $Ca(OH)_2$ 处理］。预处理过程中没有任何搅拌或振动。

5.1.3　厌氧消化试验

发酵总固体浓度为 5%（对应有机负荷为 50g/L）。未预处理的玉米秸秆作为空白组。500mL 三角锥形瓶作为发酵瓶，有效体积为 300mL。玉米秸秆与接种物（按 VS 计）比值为 1：1。添加完底物与接种物后，用去离子水补足剩余体积到 300mL。物料和接种物装填结束后，在各发酵瓶中添加定量的 NH_4Cl 调节 C/N，至 C/N＝25：1。然后用 1mol/L 的 HCl 或 $Ca(OH)_2$ 调节发酵初始 pH 值为 7.5～7.7。氮吹扫 5min 造成厌氧环境并密封，置于 (37.0 ± 0.5)℃恒温条件下厌氧发酵，逐日记录产气量。数据采集从接种后的第二天开始。每天手动摇瓶 2 次，每次 5min，并定时测定排液量。

5.1.4　分析与计算方法

试验的分析与计算方法同第 3 章中 3.1.4 小节的内容。

5.2　优化试验

5.2.1　回归方程❶

试验组分为因素分析试验组 12 个，误差估计试验组 3 个。试验因素水平及编码见表 5-1；试验设计及结果见表 5-2、表 5-3。

表 5-1　中心组合试验设计的因素选择

因素	水平		
	−1	0	1
A：碱含量/%	6	8	10
B：处理温度/℃	40	60	80
C：处理时间/h	12	24	48

---

❶ 样品制备：预处理后的玉米秸秆，将一部分固体按固液比为 1：10 浸泡在蒸馏水中振荡摇匀，然后用 20 目筛子将固液分离。液体过 0.45μm 的水系膜后，以 8000r/min 离心 15min，溶液稀释相应倍数后用于测定还原糖；固体用去离子水洗净后于 60℃烘干，用于组分分析（纤维素、半纤维素和木质素）。

89

表 5-2 中心组合试验结果[①][②]

序列	因素 A	因素 B	因素 C	实际值±标准方差/(mg/L)	预测值/(mg/L)
1	0	1	−1	180.05	182.21
2	−1	0	−1	211.22	209.25
3	0	−1	1	152.28	147.32
4	0	1	1	183.32	182.21
5	−1	0	1	184.30	182.21
6	0	0	0	184.32	180.75
7	1	1	0	178.75	171.81
8	0	0	0	183.33	182.21
9	1	0	−1	167.60	174.54
10	1	−1	0	111.80	115.37
11	−1	1	0	107.22	109.20
12	−1	−1	0	180.05	182.21
13	1	0	1	234.81	209.96
14	0	−1	−1	130.18	126.81
15	0	0	0	220.75	224.12

① 样品在 25℃、8000r/min 离心 15min，上清液过 0.45μm 的水系膜，化学分析前，加 1mL 浓硫酸使溶液 pH 值保持在≤2，于 4℃冰箱保存备用。

② 表中 6 组、8 组和 15 组为中心点试验，其余为析因试验。零点试验重复 3 次用于估计误差。

表 5-3 Ca(OH)$_2$ 预处理后的纤维素和半纤维素的回收率、木质素去除率[①]

序列	因素 A	因素 B	因素 C	碱含量/%	处理温度/℃	处理时间/h	纤维素回收率/%	半纤维素回收率/%	木质素去除率/%
1	0	1	−1	8	80	12	0.263	0.292	0.097
2	−1	0	−1	6	60	12	0.105	0.023	0.129
3	0	−1	1	8	40	48	0.289	0.271	0.257
4	0	1	1	8	80	48	0.315	0.212	0.038
5	−1	0	1	6	60	48	0.125	0.005	0.007
6	0	0	0	8	60	24	0.311	0.121	0.071
7	1	1	0	10	80	24	0.304	0.219	0.252
8	0	0	0	8	60	24	0.396	0.122	0.071
9	1	0	−1	10	60	12	0.313	0.283	0.427
10	1	−1	0	10	40	24	0.338	0.232	0.197
11	−1	1	0	6	60	24	0.101	0.129	0.017
12	−1	−1	0	6	40	24	0.105	0.024	0.132
13	1	0	1	10	60	48	0.336	0.273	0.263
14	0	−1	−1	8	40	12	0.226	0.063	0.027
15	0	0	0	8	60	24	0.376	0.121	0.071

① 表中 6 组、8 组和 15 组为中心点试验，其余为析因试验。零点试验重复 3 次用于估计误差。

所有试验小组重复 3 次，结果取平均值。根据 Box-Behnken 的试验设计原理，测得纤维素回收率、半纤维素回收率以及木质素的去除率，如表 5-3 所示。经 Design-Expert 8.0 统计分析软件处理试验数据并进行回归拟合，建立溶出物中还原糖含量（Y）对碱含量（X_1）、预处理时间（X_2）和预处理温度（X_3）的数学模型，考虑到实际因素，模型回归最终方程如下所示：

$$Y = 18221 + 39.99X_1 + 41.36X_2 + 8.67X_3 - 15.07X_1X_2 - 1.59X_1X_3$$
$$+ 5.58X_2X_3 - 0.35X_1^2 - 23.76X_2^2 - 4.81X_3^2$$

还原糖回归方程中的一次项、交互项、均方差以及系数差距较大，其中 X_1 和 X_2 的一次项系数较大，X_2 的二次项系数偏大，X_3 的一次项系数和二次项系数较小。结果说明试验因素对还原糖值不是简单的线性关系；二次项对溶出物中还原糖的析出有影响。综合结果表明响应面分析中碱含量和处理温度的交互效应影响较大。

5.2.2　回归分析

二次多项回归方程中的 F 检验可用来判断回归方程中各变量对响应值的显著性[172]。P 值表示变量的显著程度：P 值越小，变量的显著程度越高。由表 5-4 的结果可知，处理温度和碱含量对溶出物中还原糖的影响显著。碱含量编码水平为 1、处理温度编码水平为 0、处理时间的编码水平为 1 时，即在 60℃、$Ca(OH)_2$ 含量为 8% 处理 48h 时，还原糖的溶出量最大，为 234.81mg/L。按此处理条件进行 3 次重复试验，还原糖的溶出量为 225.77mg/L，说明该模型可以对处理获得高浓度的还原糖进行预测。

用均方值表示各因素对还原糖的影响程度（表 5-4），$X_2 - X_2$ 的均方值最大，说明预处理的温度对还原糖的溶出量影响最大。其次是碱含量（$X_1 - X_1$）、碱与温度联合（X_1 X_2）。三个自变量对溶出物中还原糖的影响程度依次是：处理温度＞碱含量＞处理时间。

表 5-4　响应面试验结果的回归分析

变异来源	自由度	平方和	均方	F 值	P 值（＞F）	显著性
$X_1 - X_1$	1	12792.08	12792.08	403.69	＜0.0001	显著
$X_2 - X_2$	1	13682.05	13682.05	431.78	＜0.0001	显著
$X_3 - X_3$	1	600.74	600.74	18.96	0.0033	显著

续表

变异来源	自由度	平方和	均方	F 值	P 值（$>F$）	显著性
X_1X_2	1	908.51	908.51	28.67	0.0011	显著
X_1X_3	1	10.08	10.08	0.32	0.5903	不显著
X_2X_3	1	124.60	124.60	3.93	0.0878	显著
X_1^2	1	0.51	0.51	0.016	0.9026	不显著
X_2^2	1	2376.70	2376.70	75.00	<0.0001	显著
X_3^2	1	97.36	97.36	3.07	0.1231	不显著
模型	9	30665.65	3407.29	107.53	<0.0001	显著
误差	4	16.20	4.05			

由表 5-5 的结果可知，数学模型决定系数 R^2 大于 0.9，表明模型预测值与实际值之间的相关度较高。模型变异系数为 3.34%，小于上限值 10%，说明模型可信度高。信噪比为 37.682，大于下限值 4，说明模型平均预测误差小，拟合度好[173]。

表 5-5　数学模型 R^2

参数	数值	参数	数值
变异系数/%	3.34	R^2 预测值	0.893
R^2 值	0.993	信噪比	37.682
R^2 校正值	0.984		

5.2.3　3D 图及等高线图

通过多元回归方程作的响应面图以及等高线图能直观反映不同预处理条件对玉米秸秆预处理的影响。图 5-1～图 5-3 为不同因素组合处理影响还原糖溶出的 3D 图和等高线图。等高线的形状可以反映两种交互因素效应的强弱[174]。若等高线的形状显示为椭圆形，表示两因素之间的交互作用显著；若形状显示为圆形，表示两因素之间的交互作用不显著。

图 5-1 反映了处理时间控制在 0 水平时（24h），碱含量与处理温度对溶出物中还原糖含量的影响。当碱含量与处理温度的条件分别为 8%、60℃时，溶出物中还原糖的含量最高，为 180.05mg/L。由图 5-1 可知，两者之间的交互作用随着温度的提高逐渐显著。

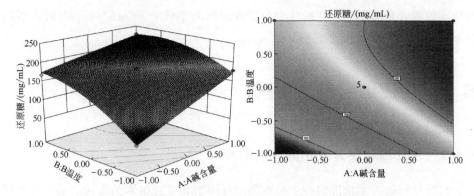

图 5-1　碱含量与处理温度影响还原糖溶出的 3D 图及其等高线图

图 5-2 反映了碱含量控制在 0 水平时（8%），处理温度与处理时间对溶出物中还原糖含量的影响。当处理温度与处理时间的条件分别为 80℃、24h 时，溶出物中还原糖的含量最高，为 180.05mg/L。

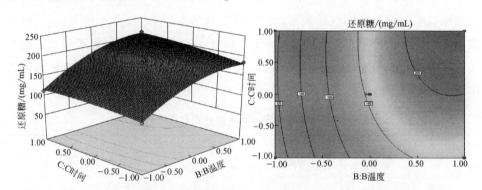

图 5-2　处理温度与处理时间影响还原糖溶出的 3D 图及其等高线图

图 5-3 反映了处理温度控制在 0 水平时（60℃），碱含量与处理时间对溶出

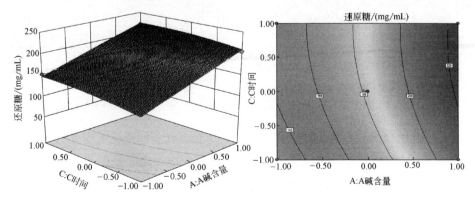

图 5-3　碱含量与处理时间影响还原糖溶出的 3D 图及其等高线图

物中还原糖含量的影响。当碱含量与处理时间的条件分别为 8%、24h 时，溶出物中还原糖的含量最高，为 180.05mg/L。

5.3 优化组合碱的比例

5.3.1 预处理对组分变化的影响研究

玉米秸秆的可生物降解性主要取决于纤维素和半纤维素的含量。表 5-6 所列为玉米秸秆预处理前后组分的变化。由表 5-6 的结果可知，添加碱预处理后的纤维素含量明显得到提高，半纤维素和木质素含量有不同程度的降低。与对照组 b 组相比，添加 NaOH 调节组合碱比例的 c 组、d 组、e 组中的纤维素、半纤维素和木质素含量的变化不大；c 组、d 组、e 组中，以 e 组的处理效果最好，木质素去除效率和纤维素回收率最高，比对照组分别提高了 16.52% 和 37%。同时，根据表 5-6 的结果可知，预处理后的玉米秸秆中 C 含量和 C/N 显著提高，结果表明碱处理对提高玉米秸秆的可生物降解性有利。但考虑到过高的 C/N 易造成厌氧消化过程中的酸败，厌氧发酵之前需要对发酵底物的 C/N 进行调控。

表 5-6　组合碱预处理对玉米秸秆组分变化的影响[1]

分组	预处理后					
	纤维素	半纤维素	木质素	C/%	N/%	C/N
a:空白组	40.00±0.02	18.26±0.01	11.02±0.00	41.44±0.30	1.12±0.30	36.97±6.20
b:对照组	43.91±0.52	16.69±0.025	9.67±0.28	44.2±0.1	0.7±0.04	61.2±3.4
c:25:75	48.0±0.0003	16.3±0.007	9.61±0.002	44.7±0.3	0.8±0.1	55.1±5.2
d:50:50	51.5±0.0001	16.6±0.0006	9.47±0.006	44.5±0.4	0.7±0.1	66.5±8.8
e:75:25	54.8±0.005	16.1±0.0003	9.2±0.007	43.6±0.4	0.8±0.2	53.7±14.4

[1] 表中所列所有数据都基于 TS（%）的平均值。

5.3.2 对厌氧消化产气的影响研究

经不同组合碱预处理玉米秸秆的厌氧消化总产气量的变化如表 5-7 所示。由表 5-7 的结果可知，在相同碱含量、处理温度及处理时间的条件下，不同的碱配比对玉米秸秆厌氧消化后的沼气产量影响不大。与对照组（b 组）相比，c 组、d 组、e 组的累积沼气产量分别提高了 1.28%、6.62% 和 9.79%。

　　经不同组合碱预处理玉米秸秆的厌氧消化产气性能如表 5-7 所列。由表 5-7 可知，与对照组［仅 Ca(OH)$_2$ 处理］相比，添加 NaOH 的 c 组、d 组、e 组经过预处理后玉米秸秆的产气量达到总产气量 90％的厌氧消化时间均提前 1d，累积产气量虽然略有提高，但差异不大。其中，产气量最高的是 e 组，其次是 d 组和 c 组。未预处理组的甲烷含量最低，为 51.18％；添加碱处理后的玉米秸秆的平均甲烷含量都高于空白组，其中，d 组的甲烷含量最高，为 54.7％，比 a 组、b 组、c 组和 e 组分别高了 3.52％、2.03％、1.59％和 1.89％，尤其是与 c 组和 e 组无显著差异。甲烷含量的结果表明，在碱含量、处理温度、处理时间一定的条件下，仅提高 NaOH 的比例并不能有效提高沼气产量和甲烷含量。由厌氧消化时间的结果可知，与对照组 b 相比，c 组、d 组、e 组的 T_{90} 均提前了 1d；与空白组相比，三组的 T_{90} 均提前了 5d。c 组、d 组和 e 组厌氧消化时间的提前表明，组合碱比 Ca(OH)$_2$ 单一预处理的效果要好，对提高底物的可生物降解性更有利。虽然累积产气量提高不大，但厌氧消化时间的提前对秸秆沼气工程的意义却很大，即相同体积的发酵罐可以将更多的农作物秸秆转化为沼气，实现提高产气效率的目的。

表 5-7　预处理和未处理玉米秸秆的厌氧消化产气性能对比

项目	空白组(a 组)	对照组(b 组)	25∶75(c 组)	50∶50(d 组)	75∶25(e 组)
累积产气量/mL	2563 a	3371 b	3414 b	3594 c	3701 d
单位 VS 产气量/(mL/g)	200.31 a	263.46 b	266.82 b	280.89 c	289.25 d
甲烷平均含量/%	51.18％ a	52.67％ b	53.11％ c	54.70％ d	52.81％ b
消化时间/(T_{90})/d	23	19	18	18	18
pH 值	7.20	7.40	7.20	7.20	7.30
VFA	681.96±26.69a	566.28±49.91b	723.14±16.64c	703.53±0.00d	542.75±16.64b
NH_4^+-N	1264.71±69.42a	1393.28±89.13b	1214.29±67.39c	1258.82±66.53a	1203.36±95.22c
TA	3289.32±76.76a	3358.08±1351.02a	2811.66±220.05b	2028.60±9.21c	2056.82±233.36c
VFA/TA	0.21a	0.17b	0.26a	0.35c	0.26a

注：表中不同字母表示相互之间的差异性。

　　由表 5-7 中总脂肪酸的数据可知，发酵结束后 5 组发酵液的脂肪酸含量都在 500mg/L 以上，且各组之间差异显著。由表 5-7 中碱度数据可知，发酵结束后 5 组发酵液的碱度都在 2000mg/L 以上，5000mg/L 以下，在报道的最佳范围内（1000～5000mg/L）[23]，但各组碱度差异很大；其中，空白组和对照组的碱度与

c组、d组、e组差异显著。由表5-7中铵态氮的数据可知，发酵结束后5组发酵液的铵态氮含量都在1500mg/L以下，比报道的铵态氮的抑制浓度范围1800～6000mg/L要低[23]，其中，a组、b组、c组、e组差异显著，但c组和d组差异不显著。VFA/TA值可以用于判断厌氧消化系统的稳定性：当VFA/TA＜0.4时，厌氧消化系统处于稳定状态；当0.4＜VFA/TA＜0.8时，系统的稳定性较差；当VFA/TA＞0.8时，厌氧消化系统因为有机酸的累积而导致产气失败。由表5-7中VFA/TA的数据可知，5组厌氧消化后的发酵液中VFA/TA均小于0.4，说明厌氧消化系统处于稳定状态。预处理后纤维素含量的提高并未引起系统中有机酸的累积。

玉米秸秆中能被微生物降解、利用的底物为纤维素和半纤维素，对比厌氧消化前后纤维素和半纤维素的含量对进一步了解纤维素、半纤维素的转化有重要意义。由表5-8所列可知，厌氧消化后纤维素、半纤维素均有不同程度的降低，其中，以纤维素的降解率最高（均在10％以上），说明玉米秸秆中的纤维素比半纤维素更易被微生物降解、利用。在纤维素利用率数据中，e组的降解率最高，为33.69％，比空白组和对照组分别提高了22.70％和10.27％；在半纤维素利用率数据中，d组利用率最高，比空白组和对照组分别提高了1.57％和0.35％。结合表5-6的试验结果，玉米秸秆经过预处理，纤维素含量得到不同程度的提高，但C/N也同时提高。为了避免厌氧消化过程中因为可能的酸败导致产气失败，试验均添加了外源氮来调节发酵系统的C/N。但外源氮是如何影响厌氧消化装置的启动时间、促进纤维素的水解酸化的，又是如何维持产甲烷菌和其他微生物的活性的，需要进一步研究。

表5-8　厌氧消化后纤维素、半纤维素和木质素组分的变化

序列	厌氧消化后				
	纤维素/%	纤维素利用率/%	半纤维素/%	半纤维素利用率/%	木质素/%
a组	29.01±0.01	10.99a	15.63±0.00	2.63a	12.37±0.02
b组	20.49±0.00	23.42b	12.84±0.00	3.85b	13.31±0.00
c组	24.59±0.00	23.41b	12.55±0.00	3.75b	13.52±0.01
d组	25.15±0.05	26.35c	12.40±0.01	4.20c	14.97±0.67
e组	21.11±0.00	33.69d	12.89±0.00	3.21d	16.48±0.01

注：1. 不同字母表示相互之间的差异性；

2. 表5-6和表5-8中纤维素和半纤维素的数据单位为%，纤维素、半纤维素利用率＝厌氧消化前（表5-6）－厌氧消化后（表5-8）。

5. 4　本章小结

Ca(OH)$_2$ 固态温和预处理的条件经过优化，不仅能有效提高溶出物中还原糖的含量，还能改善原有玉米秸秆的质地结构，提高秸秆的比表面积和底物的可生物降解性，最终实现提高产气量的目的。固态预处理既能有效避免流动水的存在以及可能造成的二次环境污染，又能使秸秆具有一定含水率，避免在发酵瓶中上浮。经过优化预处理条件，试验结果如下所示：

① 试验证明，经过优化的预处理条件能显著提高玉米秸秆的处理效果和产气效果。综合预处理效果、产气结果、纤维素和半纤维素的利用率，经过优化的最佳预处理条件为：60℃、碱含量 8％ ［NaOH 与 Ca(OH)$_2$ 的比例为 75∶25］、处理 48h。玉米秸秆在该优化条件下处理后，溶出物中还原糖的含量为 244. 17mg/L，累积产气量为 3701mL，单位 VS 产气量为 289. 25mL/g，纤维素和半纤维素的降解率分别为 33. 69％和 3. 21％。

② 研究发现，Ca(OH)$_2$ 弱碱对木质素的溶解能力有限。提高木质素降解效率，需要强碱的加入。

③ 研究揭示，强弱碱组合可以提高弱碱对木质素的降解效率，降低强碱的使用量。

6 外源氮对纤维素厌氧
消化的影响

影响秸秆厌氧消化产沼的因素有很多，其中一个很重要的因素是碳氮比（C/N）[182]。秸秆是典型的富碳类物质，氮含量很低[1,183]。高碳氮比易导致中间产物 VFA 的大量积累，对产甲烷菌的生长、繁殖不利，从而导致系统酸败或产气量低下。结合本研究前述内容，厌氧消化过程中若没有外源氮的添加补充微生物营养，微晶纤维素的单一厌氧消化使产甲烷菌的活性较低，导致甲烷含量很低而二氧化碳含量很高。为提高系统稳定性、缓冲性和微生物活性，利用含氮类物质调控发酵底物 C/N 进行共发酵的相关报道很多。目前，文献报道中常见的有机氮源有尿素、畜禽粪便、餐厨垃圾和城市污泥等；无机氮源有 NH_4Cl、NH_4NO_3 和 KNO_3 等[1,3,48,52,56,60,182,184]。

然而，基于本研究前期调研的结果，在中国有相当数量的秸秆沼气示范工程并没有添加畜禽粪便、餐厨垃圾或其他含氮类物质调控 C/N，秸秆厌氧消化也能正常产气[83]。尽管有文献报道像畜禽粪便等含氮物质的添加能产生协同效应，有效提高产气量[185]，但秸秆厌氧消化过程中补充的氮源，不同富氮类物质、氮的不同形态是如何影响装置的启动时间、促进纤维素和半纤维素的水解酸化的，如何维持产甲烷菌和其他微生物的活性的，如何提高产气量的，目前对这方面的机理研究和相关文献报道很少。

加之作物秸秆中能被微生物降解利用的成分主要是纤维素和半纤维素，视不同物质含量不同，但主要以纤维素的降解为主（微晶纤维素在一般植物中约占73%）。秸秆中木质素很难被微生物降解利用，根据传统C/N计算方法，把不易被微生物降解利用的成分（木质素）也计算在内，由此会导致实际甲烷产量远远低于理论甲烷产量[25,53,186,187]，所得结果不能有效反映易被微生物降解利用的底物降解以及产气的情况。且纤维素作为秸秆中的主要组分在厌氧消化过程中的降解、转化机理尚不明确，搞清纤维素在厌氧消化过程中的物质转化规律，对秸秆厌氧消化的进一步研究有所帮助。本章节以微晶纤维素代表秸秆中的纤维素组分，通过研究不同C/N和不同氮源对纤维素厌氧消化产甲烷的影响，借助修正的Gompertz模型考察厌氧消化过程中相关参数的变化，探讨纤维素在厌氧消化系统中的降解、转化机理，以期更好地理解秸秆及其他木质纤维素类生物质固体废物在厌氧消化产沼中的降解过程。图6-1所示为研究氮源影响纤维素厌氧消化的技术路线。

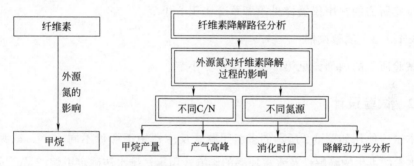

图6-1　研究氮源影响纤维素厌氧消化的技术路线

6.1　试验设计

6.1.1　试验材料、仪器及试剂

6.1.1.1　试验材料

（1）干牛粪　干牛粪采购自湖北省武汉市某农村奶牛养殖场，由新鲜牛粪自然晒干后制得。干牛粪具体的理化性质详见表6-1。

（2）其他材料　为避免定向驯化的接种物（第2章的内容）对试验结果的干扰，本研究所需的接种物取自天津市某污水处理厂现运行的厌氧发酵罐。表6-1

所列为试验所用接种物、微晶纤维素及不同氮源的物理-化学特性。

表 6-1 接种物、微晶纤维素及不同氮源的物理-化学特性

项目		接种物	微晶纤维素	氯化铵	硝酸铵	硝酸钾	尿素	牛粪
元素组分（基于 TS）	C/%	29.90	44.44				20	33.85
	N/%	5.08	—	26.17	35.00	13.86	46.67	2.15
	H/%	4.50	6.17	7.48	5.00	—	6.67	4.27
	O^②/%	59.52	—		60.00	47.53	26.67	58.74
TS/%		10.85	ND^①	ND	ND	ND	ND	95.25
VS/%		5.50	ND	ND	ND	ND	ND	25.06

① ND：未检测。

② O%＝99%－C%－N%－H%。

6.1.1.2 试验仪器

试验所需的常用仪器详见第 2 章 2.1.1.2 小节。

6.1.1.3 试验试剂

试验所需的试剂详见第 2 章 2.1.1.3 小节。

6.1.2 试验设计

本试验使用如图 6-2 所示的多瓶间歇式反应器用于评价不同 C/N、氮源对微晶纤维素的可生物降解性及水解速率的影响，用集气排水法确定甲烷产量。试验共

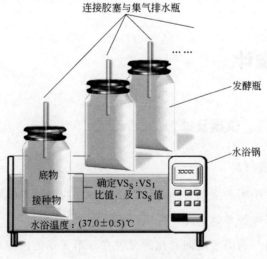

图 6-2 多瓶间歇式反应器

分两部分：第一部分为不同 C/N 对纤维素厌氧消化产甲烷的影响（试验 1）；第二部分为不同氮源对纤维素厌氧消化产甲烷的影响（试验 2）。两部分试验分别对应的发酵初始条件如表 6-2 和表 6-3 所示。

表 6-2　试验 1 的发酵条件

项目	R	R$_0$	R$_1$	R$_2$	R$_3$	R$_4$	R$_5$
	空白组	对照组	15∶1	20∶1	25∶1	30∶1	35∶1
接种物/g	300	300	300	300	300	300	300
微晶纤维素/g	—	1.418	1.418	1.418	1.418	1.418	1.418
氯化铵/g	—	—	0.161	0.120	0.096	0.080	0.069

表 6-3　试验 2 的发酵条件

项目	R$_0$	R$_3$	R$_6$	R$_7$	R$_8$	R$_9$
	空白组	NH$_4$Cl	NH$_4$NO$_3$	KNO$_3$	尿素	牛粪
接种物/g	300	300	300	300	300	300
微晶纤维素/g	—	1.418	1.418	1.418	1.418	1.418
C/N		25∶1	25∶1	25∶1	25∶1	25∶1
氮源/g		0.096	0.072	0.182	0.055	3.090

试验 1 中，相同发酵底物及有机负荷，使用 NH$_4$Cl 分别调节底物的 C/N 为 15∶1、20∶1、25∶1、30∶1 和 35∶1，中温条件 [（37±0.5）℃] 厌氧消化；试验 2 中，相同发酵底物及有机负荷，使用 NH$_4$Cl、NH$_4$NO$_3$、KNO$_3$、CO（NH$_2$）$_2$ 和牛粪分别调节底物的 C/N 为 25∶1，中温条件厌氧消化。为避免厌氧消化过程中产生酸败现象，根据 Buswell's 公式的计算以及 COD 与 VS 之间的换算关系[9,25]，接种物与微晶纤维素的投加量按 COD 与 VS 比为 10∶1 进行计算。每支 500mL 的发酵瓶里各添加 300mL 接种物和 1.418g 微晶纤维素（有机负荷为 4.73g/L）。每组试验各设置 3 组空白组（发酵瓶中只有 300mL 接种物）用于消除背景值。添加完底物与接种物后，发酵瓶内氮气吹扫 5min 造成厌氧环境并密封。每组试验都是同步接种启动产气。数据采集从接种装罐后的第 4h 开始计。每天手动摇瓶 2 次，每次 5min，并定时测定排液量。消化过程中产生的生物气经硅胶管进入集气瓶收集。每一批试验当没有任何产气时认为试验结束。

6.1.3 分析与计算方法

6.1.3.1 分析方法

除非文内另有说明，所有试验均设三个平行试验。只含接种物和水的发酵系统作为空白组用以校正产气结果。采用元素分析仪分析牛粪、接种物的 C、N 含量。总固体（TS）和挥发性固体（VS）的检测方法详见第 2 章 2.1.4 小节。

本试验生物气的检测条件为：FID 检测器；进样口温度＝100℃；柱温＝50℃；检测器＝200℃；进样量 0.02mL；载气流速 8.2mL/min；尾吹流速 10mL/min；检测时长 10min。

6.1.3.2 C/N 的计算

$$\frac{C}{N} = \frac{C_1 + C_2 + \cdots\cdots}{N_1 + N_2 + \cdots\cdots} \tag{6-1}$$

6.1.3.3 理论甲烷产量

理论甲烷产量由式（6-2）和式（6-3）——Buswell's[25,53,188] 公式进行计算（该公式基于厌氧发酵底物的元素组成）。

$$C_n H_a O_b N_c + \left(n - \frac{a}{4} - \frac{b}{2} + \frac{3c}{4}\right) H_2O \longrightarrow \left(\frac{n}{2} + \frac{a}{8} - \frac{b}{4} - \frac{3c}{8}\right) CH_4$$

$$+ \left(\frac{n}{2} - \frac{a}{8} + \frac{b}{4} + \frac{3c}{8}\right) CO_2 + c NH_3 \tag{6-2}$$

$$TMY[mL(CH_4)/g(VS)] = \frac{22.4 \times 1000 \times \left(\frac{n}{2} + \frac{a}{8} - \frac{b}{4} - \frac{3c}{8}\right)}{12n + a + 16b + 14c} \tag{6-3}$$

6.1.3.4 底物的可生物降解性

基于实际甲烷产量（EMY）和理论甲烷产量（TMY）的值，由式（6-4）计算发酵底物的可生物降解性[53]：

$$B_d(\%) = \frac{EMY}{TMY} \times 100\% \tag{6-4}$$

6.1.3.5 修正的 Gompertz 公式

为了评估生物甲烷产率，利用修正的 Gompertz 公式［式（6-5）］拟合曲线并求得相关参数[83]。

$$P_{net}(t) = P_{max} \times \exp\left\{-\exp\left[\frac{R_{max} \times e}{P_{max}} \times (\lambda - t) + 1\right]\right\} \qquad (6-5)$$

式中　$P_{net}(t)$ ——t 时的累积甲烷产量，mL/g；

　　　　P_{max} ——最终甲烷产量，mL/g；

　　　　R_{max} ——甲烷产率，mL/d；

　　　　λ ——迟滞期时间，d；

　　　　t ——厌氧消化时间，d。

6.2　不同 C/N 对纤维素厌氧消化产气的影响

6.2.1　对日甲烷产量的影响

　　纤维素是微生物主要的营养和能量来源，调节微生物的营养组成和比例，可以提高纤维素的分解速率。为了进一步探讨不同 C/N 对甲烷产量的影响，微晶纤维素厌氧消化的反应过程需要深入分析。为排除秸秆中其他组分可能对厌氧消化过程的影响，试验选取微晶纤维素作为微生物唯一的碳源，NH_4Cl 作为唯一的氮源，根据式（6-1）调控不同 C/N，考察不同 C/N 对甲烷的影响。表 6-2 为试验 1 的初始发酵条件，图 6-3 为日产气结果。由图 6-3 可知，不同 C/N 条件下日甲烷产气趋势相似，都有"升高—降低—升高—降低"的趋势，整个厌氧消化过程均出现了 2 个产气高峰，且第二个产气高峰高于第一个高峰。但发酵时间在 60h 之前时，C/N 在（25～30）∶1 范围内的甲烷产量要略低于 C/N 在（15～25）∶1 范围内的甲烷产量。NH_4Cl 为可溶性外源氮，游离氨的浓度决定了不同 C/N 对微晶纤维素的作用是抑制还是促进。为进一步揭示不同 C/N 如何影响装置的启动时间、促进纤维素和半纤维素的水解酸化，试验通过对比厌氧消化过程中出现的产气高峰时间来分析不同 C/N 对微晶纤维素水解酸化及产气的影响。

6.2.2　对两个产气高峰的影响

　　图 6-4 为不同 C/N 对纤维素厌氧消化中 2 个产气高峰值的影响。由图 6-3 可知，在 6 组试验中两个产气高峰之间出现的时间区别不大，均分别出现在了 6h 和 72h。本试验中微晶纤维素的有机负荷虽然只有 4.73g/L，但 NH_4Cl 作为微

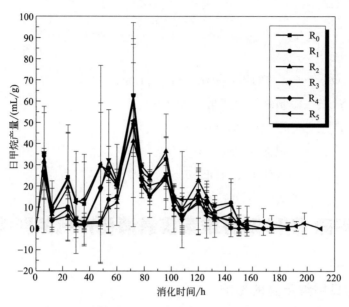

图 6-3　不同 C/N 对纤维素日甲烷产量的影响

生物唯一的外源性营养物质调节 C/N 时，C/N 对甲烷产量有不同程度的影响。由图 6-4 可知，在厌氧消化的起始 6h 内，比起 R_0 组、R_4 组和 R_5 组，R_1 组、R_2 组和 R_3 组的甲烷产量更高。其中 R_3 组的产气量比 R_0 组、R_1 组、R_2 组、R_4 组和 R_5 组分别提高了 19.19%、4.04%、11.11%、30.30% 和 25.25%。随着厌氧消化过程的推进，当第二个产气高峰出现时，除了 R_0 组、R_2 组和 R_5 组，C/N 在 15∶1、25∶1 和 30∶1 的，甲烷产量均有不同程度的提高。分析认为出现这个现象的原因与底物的元素组成及微生物的种类有关。NH_4Cl 含有 NH_4^+，不含任何碳源。微晶纤维素仅含 C、O、N、H 四种元素，不像秸秆含有特殊的元素组成及物化结构，微生物相对容易利用。含氮有机物在水解酸化菌的降解下，首先以 NH_4^+-N 的形式存在于系统中。NH_4^+ 很快又被反硝化细菌转化为 NO_2^--N 和 NO_3^--N。NO_3^--N 作为电子受体，有机物作为电子供体，NO_3^--N 转化为氮气释放。如果系统中的氮元素量很高，氨化细菌、硝化细菌和反硝化细菌比产甲烷菌获得的能量多，生长占优势，产气量因此会受到抑制。厌氧消化系统中适当的氮会使产甲烷菌成为优势菌种，也有利于提高甲烷产量。NH_4Cl 作为氮源并不能缩短 2 个产气高峰之间的时间，达到缩短消化时间的目的，但却能在短期内不同程度地提高甲烷产量。图 6-4 的试验结果表明：合适的 C/N 可以有效提高甲烷产量和发酵效率，但却不能有效缩短厌氧消化时间；纤维素厌氧消化所需的最佳 C/N 为 25∶1。

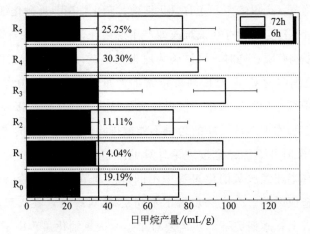

图 6-4 不同 C/N 对纤维素 2 个产气高峰的影响

6.2.3 对累积甲烷产量的影响

图 6-5 为不同 C/N 对纤维素累积甲烷产量的影响。根据微晶纤维素的分子式和式（6-1）、式（6-3），如果微晶纤维素完全被降解，理论上 1g VS 能产生 414.82mL 的甲烷。根据之前关于微晶纤维素厌氧消化的报道结果，中温消化条件下纤维素的 TS 含量越低，产甲烷菌的活性越好[83,189]。本试验所用纤维素有机负荷仅为 4.73g/L，短期内即可消化结束，由图 6-5 结果可知，所有组的最终甲烷产量比较接近理论值，说明系统产甲烷菌活性良好。微晶纤维素作为微生物唯一的营养来源，只有少数的底物用于微生物的生长繁殖，并且消化过程中产生的 H_2 和 CO_2 随着气体排出并未被微生物转化为甲烷。因此，实际甲烷产量要低于理论甲烷产量。

在图 6-5 中，尽管与其他组相比，R_5 组的累积甲烷产量略高，且厌氧消化时间略长，但 $R_0 \sim R_5$ 六组的累积甲烷产量却很接近。李筱茵[190] 在报道中提到，不同 C/N 可以影响厌氧消化系统中微生物数量和群落的变化，进而影响有机质的降解，通过改变有机质在微生物食物链中的流通，进一步影响厌氧消化系统中有机酸的生成和最终产物。厌氧消化过程中有机酸对产甲烷阶段的影响至关重要。在试验 1 中，按式（6-1）计算的 NH_4Cl 的最大投加量为 0.537mg/L，相比于报道的 NH_4^+-N 对厌氧消化的影响值（50～200mg/L）要小很多[185]，体系对于 NH_4^+-N 的代谢及利用良好，外源可溶性 NH_4^+-N 不会对系统产气造成明显的影响，这与王庆峰报道的结果一致[191]。且接种污泥的微生物群落复杂，不仅包含了水解酸化菌、产甲烷菌，还有氨化细菌、硝化细菌、反硝化细菌等能降解氮的微生物。少量 NH_4^+-N 的存在很难改变产甲烷菌在消化系统中优势菌群的地位，对中间产物的影响有限。同时，该试验为序批式小试，微晶纤维素的投加量很低，（15～35）：1 范围内的 C/N 对提高纤维素的产量没有体现出很大差异优势，由此导致的最终甲烷产量差异很小。值得注意的是，虽然接种前接种物已经历脱气过程，但由于接种物中 NH_4^+-N 的含量不能被排除，由此导致的累积 NH_4^+-N 含量，在调节 C/N 时并不能完全按理论计算的进行。并且该试验为序批试验，所得结论无法解释半连续厌氧消化过程中不同阶段调节 C/N 是否会对微生物的数量和群落变化造成影响。为进一步揭示不同 C/N 对纤维素在厌氧消化系统中的影响，在此基础上，本研究下一步需要对半连续厌氧消化过程中不同微生物的数量和群落、氮的转化机制进行更深入的分析。

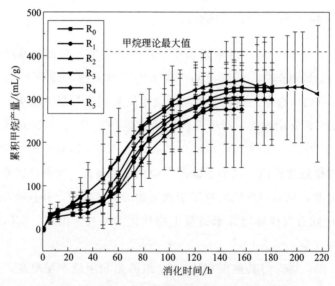

图 6-5　不同 C/N 对纤维素累积甲烷产量的影响

6.2.4　对厌氧消化时间的影响

为了评估厌氧消化过程，使用修正的 Gompertz 模型 ［式（6-5）］对不同 C/N 条件下的厌氧消化动力学参数进行计算。动力学参数包括：底物的可生物降解性（B_d）、迟滞期时间（λ）和厌氧消化时间（t）。与此同时，试验选取累积甲烷产量、特殊甲烷产率以及产甲烷菌的活性三个参数用于评估厌氧消化过程的表现[100]。表 6-4 所示为修正 Gompertz 模型求得的相关参数。

表 6-4 用修正 Gompertz 模型求得的相关参数

项目		R_0	R_1	R_2	R_3	R_4	R_5
理论甲烷产量 /(mL/g)		414.82	414.82	414.82	414.82	414.82	414.82
实际甲烷产量 /(mL/g)		326.38± 57.21	318.07± 124.45	299.00± 68.59	303.32± 74.25	275.97± 114.85	219.13± 185.64
可生物降解性 (B_d)/%		78.68±0.20	76.68±0.42	72.08±0.23	73.12±0.25	66.53±0.39	52.83±0.63
R^2		0.9827	0.9519	0.9564	0.9546	0.9483	0.9799
R_{max}[①]		4.57	4.60	4.17	4.43	4.12	6.89
迟滞期时间 (λ)/h		24.06	38.23	40.80	31.73	30.66	46.67
厌氧消化 时间[②]/h	T_{50}	60	72	78	60	72	60
	T_{90}	108	126	126	108	108	102

① 其值用于计算 λ，其中时间点分别选取 T_{50} 和 T_{90}。

② 为了便于显示总发酵时间，用 T_{50} 和 T_{90} 表示。

厌氧发酵时间可以指示发酵效率。在秸秆厌氧消化过程中，产气高峰过后会有一段较长时间的持续低产气时间，这在实际应用中以长时间的系统运行换取较小沼气收益并不合算。T_{50} 和 T_{90} 表示甲烷产量达到累积甲烷产量 50% 和 90% 所需的时间。试验借助 T_{50} 和 T_{90} 两个指标用于判断纤维素的发酵效率更符合实际生产需求。图 6-6 的结果显示 R_3 在 T_{50} 时的甲烷产量比 R_0、R_1、R_2、R_4 和 R_5 分别提高了 13.03%、17.63%、20.40%、11.49% 和 14.37%。结果说明 C/N 在 25∶1 时纤维素的发酵效率优于其他组。特殊甲烷产率可以用于评估产甲烷菌以及其他参与降解微生物的活性[185]，并且能确定厌氧消化反应器的潜能。由于不同 C/N 条件下纤维素的降解受消化温度、纤维素 TS 含量以及微生物所需的大量及微量营养盐的影响[83,96,110,192]，在消化温度和底物有机负荷确定的前提下，实际甲烷产量与 NH_4Cl 的含量有很大关联[192]。特殊甲烷产率，与最大甲烷产率有关，可以由消化时间（T_{50} 和 T_{90}）和迟滞期时间（λ）进行计算（表 6-4 所示 R_{max} 值）。尽管 R_0、R_1 和 R_3 的 R_{max} 值接近，但 T_{50} 和 T_{90} 却有所差异，且不同 C/N 导致的 λ 也有不同程度的变化。迟滞期时间（λ）越长，厌氧消化启动时间越长[83]。由表 6-4 的 R_{max} 和 λ 结果可知，合适的 C/N 对甲烷产率的提高有益。综合上述试验结果：C/N 在 25∶1 时可以获得高效的特殊甲烷产率。

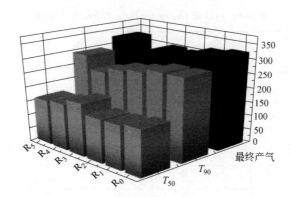

图 6-6　不同 C/N 对纤维素消化产气时间的影响

图 6-7 所示为 $R_0 \sim R_5$ 六组甲烷产量随消化时间的变化曲线，通过曲线拟合，结果良好（如表 6-4 R^2 值所示）。

6.2.5　铵态氮利用效率

由上述 6.2.1～6.2.4 小节的内容可知，氮源对纤维素厌氧消化产甲烷具有重要的影响作用。为了更直观地描述外加氮源的利用效果，表 6-5 所列为不同 C/N 对纤维素厌氧消化过程中铵态氮利用率的影响。由表 6-5 中结果可知，扣除接种物自身铵态氮的背景值以及对照组的结果，以 NH_4Cl 作为氮源，NH_4^+ 的利用率从高到低的顺序依次是：$R_4 > R_3 > R_2 > R_1 > R_5$。试验结果表明：$NH_4^+$ 容易被微生物降解、利用；以含有 NH_4^+ 的物质作为系统氮源，当调控 C/N 在 (20～30)∶1 的范围内时，更能促进微生物有效利用含有 NH_4^+ 的物质，有利于纤维素的降解、产气。

表 6-5　不同 C/N 对铵态氮利用率的影响

序列	添加 NH_4^+-N 的值/(mg/L)	消化后铵态氮的值/(mg/L)	铵态氮利用率/%
R	0	162.87±0.99	—
R_0	0	280.87±8.75	—
R_1	537	240.37±3.97	86.07
R_2	400	232.21±16.31	91.42
R_3	320	221.80±0.00	91.83
R_4	267	253.59±5.17	94.10
R_5	230	206.05±1.99	79.33

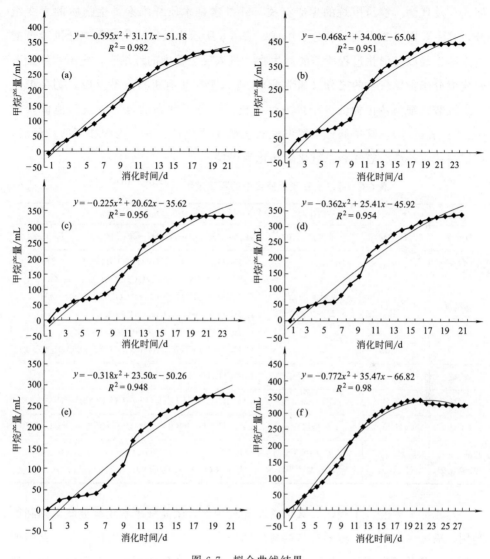

图 6-7 拟合曲线结果

(a) R_0；(b) R_1；(c) R_2；(d) R_3；(e) R_4；(f) R_5

6.2.6 纤维素降解过程

厌氧消化是一个连续的过程[107,188,193]，厌氧消化整个过程的速率取决于最慢的速率过程。C. Liu[83] 在试验中证实了水解过程是微晶纤维素在厌氧消化过程中的限速步骤。众所周知厌氧消化步骤主要分为三步[17]：水解酸化阶段、产氢产乙酸阶段、产甲烷阶段。根据厌氧消化的原理，厌氧消化过程中微生物的代谢途径及代谢产物与甲烷的生成有关。纤维素是木质纤维素类生物质的主要组分，其主要由 β-1,4-葡萄糖分子组成。表 6-6 所示为厌氧消化过程中纤维素可能的降解途径以及消化过程所需的微生物。投入反应器中的纤维素，先由水解细菌转化成分子量比较小的成分（葡萄糖）；进入第二步有机酸发酵反应，葡萄糖进一步被酸化细菌转化为低分子挥发性有机酸、分子状态的氢气以及其他低聚物（乙醇、乳酸等），其中低分子挥发性有机酸主要包括乙酸、丙酸和丁酸；最后，产甲烷菌将乙酸、氢气和二氧化碳转化为甲烷。

表 6-6　纤维素在厌氧消化中的反应过程[25,72,178,195,196]

底物	分子式	微生物	反应过程
纤维素	$(C_6H_{10}O_5)_n$	水解产酸菌	$(C_6H_{10}O_5)_n + n\,H_2O \longrightarrow n\,C_6H_{12}O_6$
葡萄糖	$C_6H_{12}O_6$	水解产酸菌、产氢产乙酸菌等	$C_6H_{12}O_6 \longrightarrow CH_3CH_2CH_2COOH + 2CO_2 + 2H_2$ $C_6H_{12}O_6 + 2H_2 \longrightarrow 2CH_3CH_2COOH + 2H_2O$ $C_6H_{12}O_6 + 2H_2O \longrightarrow 2CH_3COOH + 2CO_2 + 4H_2$ $C_6H_{12}O_6 \longrightarrow 2CH_3CH_2OH + 2CO_2$ $C_6H_{12}O_6 \longrightarrow 2CH_3CHOHCOOH$ $C_6H_{12}O_6 \longrightarrow CH_3CHOHCOOH + C_2H_5OH + CO_2$
乙酸	$C_2H_4O_2$	乙酸型产甲烷菌	$CH_3COOH \longrightarrow CH_4 + CO_2$
丙酸	$C_3H_6O_2$	丙酸型降解菌	$CH_3CH_2COOH + 2H_2O \longrightarrow CH_3COOH + CO_2 + 3H_2$
丁酸	$C_4H_8O_2$	丁酸型降解菌	$CH_3CH_2CH_2COOH + 2H_2O \longrightarrow 2CH_3COOH + 2H_2$
乙酸、氢气、二氧化碳	$C_2H_4O_2$、H_2、CO_2	氢营养型产甲烷菌、乙酸营养型产甲烷菌	$4H_2 + CO_2 \longrightarrow CH_4 + 2H_2O$ $4H_2 + 2CO_2 \longrightarrow CH_3COOH + 2H_2O$

与乙酸、丙酸、丁酸、二氧化碳及氢气相比，微晶纤维素较难被微生物降解利用，需要多步降解，需要参与的微生物较多。C、N 作为微生物生长、繁殖所需的大量营养元素不可或缺，尤其是氮素，对细胞和酶的形成至关重要。厌氧消化过程中挥发性脂肪酸是重要的中间产物，同时也是微生物潜在的抑制物。适当浓度的挥发性脂肪酸可以维持微生物细胞增殖速率以及细胞内稳态[194]。但随着纤维素 TS 含量的提高，水解过程中生成的有机酸会短期大量积累，由于没有多余的铵态氮从纤维素中释放用以维持厌氧消化系统的稳定性，以纤维素等碳水化合物为底物的厌氧消化系统很容易因酸败导致产气停止；同时中间产物的大量积累也反向抑制水解过程，导致水解速率降低。很多文献有提及单一秸秆厌氧消化过程中随着 TS 含量的提高容易导致系统的酸败和水解动力学参数降低[3,6,25,53,188]。根据

C. Liu 的报道结果[83]，葡萄糖的主要代谢途径是丁酸型发酵[9,18]。但丁酸不是甲烷发酵最适的底物，丁酸还需要借助丁酸型降解菌进一步降解为乙酸和氢气，然后才能被氢营养型产甲烷菌和乙酸营养型产甲烷菌利用生成甲烷。有机酸的生成除了受细菌种类的影响，还与环境条件（pH 值、温度、氢分压等）有关[17]，很难预测不同情况下系统酸败具体是由哪种酸引起的。为避免消化系统的酸败，外源添加缓冲剂提高系统的碱度和缓冲性至关重要。

纤维素在厌氧消化过程中的分解反应与固体物质的化学-物理结构以及底物的浓度有关。图 6-8 所示为纤维素的降解反应模式。由图 6-8 可知，微生物菌胶团吸附在纤维素上，释放水解酶分解纤维素。结合第 2 章图 2-9 微晶纤维素在驯化系统投料前后的普通电镜图结果可知，微晶纤维素可能是通过分裂成更小的物质，靠增加比表面积来提高水解速率的。根据野池达也的分析[16]，纤维素在厌氧消化系统中的降解比较符合零次反应，即微晶纤维素在厌氧消化系统中是按一定的降解速率溶解到液相中的，其降解速率是个常数。由于微晶纤维素的物理-化学结构简单，影响其降解的因素主要是系统内参与降解的微生物、环境因素（温度）和运行参数（碱度、pH 等）。而发酵温度和接种物确定的前提下，系统内碱度和微生物的活性成为制约纤维素厌氧消化降解的主要因素。虽然氮素对系统碱度和微生物活性的影响非常重要，但氮素的存在形态、浓度大小对纤维素降解机制的影响尚不明确，需要进一步探讨。

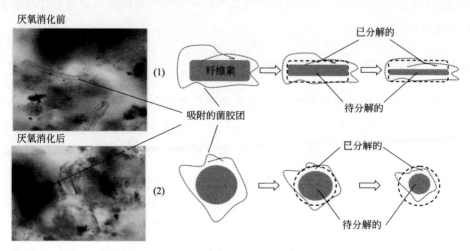

图 6-8　纤维素的降解反应模式

6.3 不同氮源对纤维素厌氧消化产气的影响

6.3.1 对日甲烷产量的影响

厌氧消化过程中，缺乏微生物必要的营养元素不利于其生长、繁殖和甲烷的生成。氮是仅次于碳源的第二大微生物必需元素。在微生物细胞中，氮是组成核酸和氨基酸的重要元素[192]。根据不同 C/N 对甲烷产量的影响结果可知，合适的 C/N 对促进纤维素的甲烷发酵有利。为了提高甲烷产量，降低产沼成本，试验选取 NH_4Cl、NH_4NO_3、KNO_3、尿素和牛粪（CM）[3,183,184,192] 作为不同氮源，用以考察不同氮源对纤维素甲烷发酵的影响。根据 6.2 的试验结果，本试验 C/N 定为 25∶1。图 6-9 为不同氮源对纤维素日甲烷产量的影响。由图 6-9 结果可知，不同氮源使纤维素在厌氧消化过程中前后均出现 2 个产气高峰，但 2 个高峰出现的时间有所不同。R_3 组、R_6 组、R_7 组和 R_8 组的 2 个产气高峰出现的时间分别约在第 6h 和第 72h；然而，R_7 组的第二个产气高峰的出现时间为第 50h，较其他组提前 12h，说明 KNO_3 对促进纤维素的甲烷化进程有利。为进一步揭示不同氮源是如何影响装置的启动时间、促进纤维素和半纤维素的水解酸化的，试验通过对比厌氧消化过程中出现的产气高峰时间来分析不同氮源对微晶纤维素水解酸化及产气的影响。

6.3.2 对两个产气高峰的影响

图 6-10 为不同氮源对纤维素厌氧消化中 2 个产气高峰值的影响。在图 6-9 中，在第一个产气高峰（6h）出现时，R_0 组、R_3 组、R_6 组和 R_7 组比 R_8 组和 R_9 组的甲烷产量要高，其中 R_7 组比 R_0 组、R_3 组、R_6 组、R_8 组和 R_9 组的甲烷产量分别提高了 43.41％、23.26％、7.75％、27.13％和 43.75％。当第二个产气高峰出现时，相比第一个产气高峰，产气量有所提高，以 NH_4Cl、NH_4NO_3 和 KNO_3 作为无机氮源的甲烷产量明显高于以牛粪和尿素为氮源的甲烷产量。试验结果表明，与对照组相比，所有添加氮源的处理在一定程度上都能促进纤维素厌氧发酵的进行；但无机氮比有机氮对纤维素厌氧消化产甲烷的促进作用更明显。

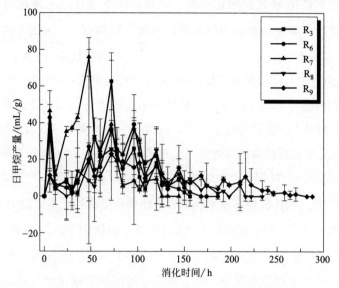

图 6-9 不同氮源对纤维素日甲烷产量的影响

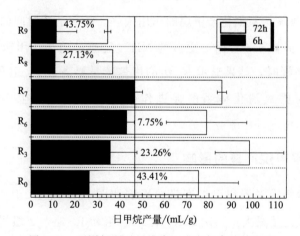

图 6-10 不同氮源对纤维素 2 个产气高峰的影响

分析认为出现这种差异的原因与接种物中微生物的种类和氮源类型有关[197]。厌氧消化系统中的接种物多来自污水处理厂，种群结构复杂，不仅包含产甲烷菌、水解酸化菌等功能菌群，还存在着氨化细菌、硝化细菌、反硝化细菌、厌氧氨氧化等脱氮功能菌群[195,197]。进入消化系统的有机含氮物质首先通过氨化作用被降解为氨基酸，然后氨基酸矿化生成 NH_4^+-N；在硝化细菌的作用下铵态氮通过硝化作用生成硝态氮；最后在反硝化细菌的作用下将硝酸盐还原为 N_2O 和 N_2。对于无机氮（NH_4^+-N 和 NO_3^--N 为主）而言，主要反应路径是厌氧氨氧化和好氧硝化-厌氧反硝化两种。厌氧条件下 NH_4^+-N 通过硝化作用生成硝态氮很难进行，微生物能利用的氮源以 NH_4^+-N 和 NO_3^--N 的形式存在。根据 G. Ruiz[197] 和 S. Islas Lima[198] 的报道，反硝化细菌代谢 VFA 的速率比产甲烷菌快。在 NO_3^--N 的存在下，反硝化细菌会首先利用丁酸和丙酸，最后是乙酸。而丁酸和丙酸并不利于厌氧消化系统内甲烷的产生，反硝化细菌与产甲烷菌在底物含量充足时不存在营养竞争关系，反而在一定程度上可以刺激反硝化细菌的增殖，间接促进微晶纤维素的水解使产生更多的有机酸，这对促进厌氧消化产甲烷有利[199]。针对 NO_3^--N 提高产甲烷菌活性的报道较多[194,198]，主要目的是通过调节 COD 与 N-NO_x^- 的比值提高微生物对有机物的降解活性。本试验中 NH_4NO_3 的 COD/NO_3^- 的值为 22.87；KNO_3 的 COD/NO_3^- 的值为 9.05。根据 Akunna[200] 和 G. Ruiz[197] 的报道，处于 $8.86 \leqslant COD/N\text{-}NO_x^- \leqslant 53$ 的范围，厌氧消化系统内主要发生反硝化和产甲烷反应。结合图 6-9 的试验数据，产气达到第一个高峰时，甲烷产量从高到低排序依次是：$KNO_3 > NH_4NO_3 > NH_4Cl$，结果说明 NO_3^- 对促进纤维素厌氧消化产甲烷的作用最好。随着消化时间的推进，当消化系统内的 NO_3^- 消耗差不多时，更多的 NH_4^+ 会通过硝化作用转化为 N-NO_x^-。到第二个产气高峰时，结果显示 R_3 组的甲烷产量要高于 R_7 组和 R_6 组。分析认为 NH_4^+-N 对厌氧消化体系的促进作用是通过代谢产生 N-NO_x^- 得以实现的。

6.3.3 对累积甲烷产量的影响

不同氮源对纤维素累积甲烷产量的影响如图 6-11 所示。R_7 组很快产气结束，且累积甲烷产量最大；其次是 R_6 组、R_8 组和 R_9 组，三组累积甲烷产量接近，但 R_8 组和 R_9 组的厌氧消化时间偏长；R_3 组是累积甲烷产量最少的。与 R_3 组相比，R_8 组和 R_9 组可看作是 2 种有机底物的共发酵，其表现出的协同效果[190] 对提高累积甲烷产量很明显。对比实际甲烷产量和理论甲烷产量的值，结果显示添加 KNO_3 的纤维素厌氧消化后累积甲烷产量最接近理论值，其次是尿素和牛粪。但结合图 6-10 的试验结果，有机氮源对甲烷产气效率的影响却低于无机氮源。当厌氧消化时间足够长，NH_4NO_3 和尿素对纤维素厌氧消化产甲烷的效果等同，但 NH_4NO_3 对甲烷产率的促进效果却优于尿素。试验结果表明：氮氧化物可以同产甲烷菌出现协同作用，能有效增加体系的产甲烷菌活性，但与氮氧化物的分子存在形式有关；无机氮在促进纤维素水解酸化、提高产气速率方面要优于有机氮源。

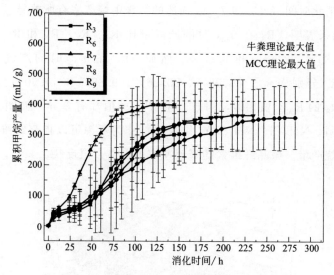

图 6-11　不同氮源对纤维素累积甲烷产量的影响

这一结论与陈广银报道的[201]有出入。陈广银通过添加不同氮源到麦秆中，试验结果发现在各种氮源中，以有机氮源的效果最好，NO_3^--N 次之，NH_4^+-N 最差。分析认为出现这种差异的原因与发酵底物的结构有关。纤维二糖是纤维素的基本结构单元，也是纤维素的水解产物。根据王欢莉的报道，纤维二糖等可溶性糖为非结构性碳水化合物[203]，而麦秆包含了结构性碳水化合物和非结构性碳水化合物。两种不同底物所能利用的氮源形式有所不同，结构性碳水化合物以氨为主，而非结构性碳水化合物以氨、短肽等为主[203]。NH_4^+-N 作为水解的重要中间产物，对后续厌氧消化及微生物的代谢至关重要。尿素和牛粪首先被矿化成铵态氮，然后再经硝化作用和反硝化作用转化成硝酸根等无机氮。尿素和牛粪在厌氧消化系统中的转化路径较 NH_4^+-N 和 NO_3^--N 的转化路径要长，微生物所需消耗的有机质要多。而当氮源以 NO_3^--N 的形式进入发酵系统后，NO_3^--N 对氨化作用和硝化作用没明显影响，但体系产甲烷效率较 NH_4^+-N 有一定提高。

6.3.4　对厌氧消化时间的影响

吸附作用可以影响纤维素的水解速率，对纤维素的厌氧消化产气影响很大。当厌氧消化系统中的底物具有很大比表面积且易被微生物降解时，该底物适合厌氧消化[25,204]。与 NH_4Cl、NH_4NO_3、KNO_3 和尿素的粉末状相比，牛粪的比表面积最小且可生物降解性差。牛粪对纤维素的水解促进作用小于其他无机氮以及尿素。由消化时间（T_{50} 和 T_{90}）描述的特殊甲烷产率有所差异（如图 6-12 所示）。试验结果表明，R_3 在 T_{50} 时的产气量比 R_6、R_7、R_8 和 R_9 分别提高了13.79％、7.85％、2.68％ 和 8.98％。然而，R_7 在 T_{90} 时的产气量却比 R_3、R_6、R_8 和 R_9 分别提高了 26.98％、20.26％、9.88％ 和 11.90％。尽管 R_3 和 R_9、R_6 和 R_8 的 R_{max} 值相似，但 T_{50} 和 T_{90} 的值却有差异（如图 6-12 所示）。试验结果说明，NH_4Cl、NH_4NO_3 和 KNO_3 作为氮源可以提高纤维素的甲烷产率和累积甲烷产量。微晶纤维素的降解速率可以由 λ 值反映。

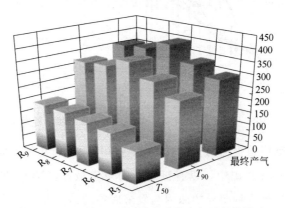

图 6-12　不同氮源对纤维素消化产气时间的影响

表 6-7 所示为修正的 Gompertz 模型求得的相关参数。由表 6-7 中数据可知，R_3、R_6 和 R_7 的 λ 值比 R_8 和 R_9 的 λ 值要小。与此同时，由蛋白质、脂肪和秸秆组成的干牛粪相比于尿素较难被微生物降解利用，峰值出现的时间和总消化时间较尿素组有所滞后。干牛粪组和尿素组的 λ 值表明复杂有机底物厌氧消化过程中其水解速率是其限速步骤。试验结果表明，若厌氧消化时间足够长，复杂有机底物能提高纤维素的累积甲烷产量，但同时也是厌氧联合消化中的限速步骤。根据试验结果，无机氮比有机氮对提高纤维素厌氧消化产甲烷更有利。《产业废水处理中厌氧生物技术》一书中提及，甲烷发酵中 N 营养盐的最适浓度值是50mg/L[185,205]。而根据公式（6-1），按 6.2 的最适 C/N（25∶1）计，得到的 NH_4Cl 添加量为 320mg/L（表 6-3），NH_4NO_3 为 240mg/L，KNO_3 为 607mg/L，其值远远高出书中提及的最适 N 营养盐值，但本试验的产气还能顺利进行。分析认为出现这种差异的原因与微生物对含氮物质的耐受性有关。考虑到高浓度的

NO_3^- 不利于产甲烷的进行[194]，相同 C/N 条件下，KNO_3 的含氮量要远高于 NH_4NO_3 和 NH_4Cl。在秸秆产沼工业规模中，为寻找廉价、有效的氮源，NH_4Cl 或 NH_4NO_3 可以作为首要选择。

表 6-7　用修正 Gompertz 模型求得的相关参数

项目		R_0	R_3	R_6	R_7	R_8	R_9
理论甲烷产量 /(mL/g)		414.82	414.82	414.82	414.82	414.82	570.68
实际甲烷产量 /(mL/g)		326.38±57.21	303.32±74.25	340.16±131.95	399.17±4.10	365.35±118.09	358.35±103.73
可生物降解性 (B_d)/%		78.68±0.20	73.12±0.25	82.00±0.45	96.23±0.01	88.07±0.40	62.79±0.26
R^2		0.9827	0.9546	0.9659	0.9848	0.9748	0.9943
R_{max} [1]		4.570	4.43	12.41	18.63	11.45	5.65
迟滞期 时间(λ)/h		24.06	31.73	13.09	38.70	79.95	68.69
消化时间[2] /h	T_{50}	60	60	78	48	96	102
	T_{90}	108	108	126	84	150	210

① 其值用于计算 λ，其中时间点分别选取 T_{50} 和 T_{90}。

② 为了便于显示总发酵时间，用 T_{50} 和 T_{90} 表示。

图 6-13 所示为 R_0、R_3、R_6～R_9 六组甲烷产量随消化时间的变化曲线，通过曲线拟合，结果良好（如表 6-7 所示 R^2 值）。

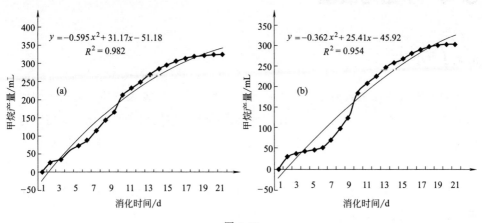

图 6-13

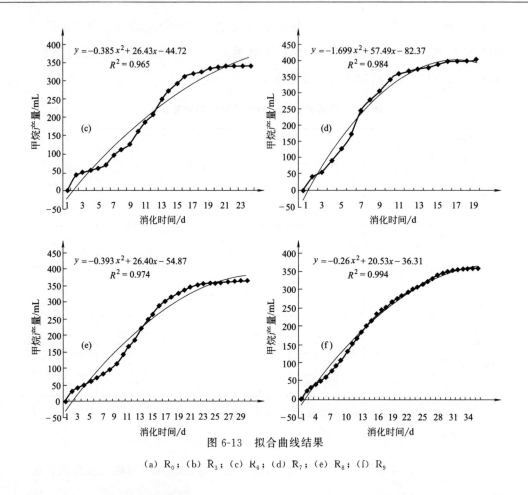

图 6-13 拟合曲线结果

(a) R_0; (b) R_3; (c) R_6; (d) R_7; (e) R_8; (f) R_9

6.4 小结与展望

6.4.1 小结

为了搞清秸秆厌氧消化过程中补充的氮源，不同富氮类物质、氮的不同形态如何影响装置的启动时间，如何促进纤维素的水解酸化和降解转化，如何维持产甲烷菌和其他微生物的活性，如何提高产气量，试验通过研究不同 C/N 和不同氮源对纤维素厌氧消化产甲烷的影响，借助修正的 Gompertz 模型考察纤维素厌氧消化过程中相关参数的变化，探讨纤维素在厌氧消化系统中的降解、转化机理。试验结果如下所示：

① 试验证明，添加氮源能有效提高纤维素的甲烷发酵速率，提高甲烷产量，改善微生物的生存环境，提高微生物活性。纤维素厌氧消化所需的最佳 C/N 为 25：1。不同氮源对纤维素厌氧消化速率有很大影响，以无机氮（KNO_3＞NH_4NO_3＞NH_4Cl）效果最好，尿素效果次之，干牛粪效果最差。在秸秆产沼工业规模中，为寻找廉价、有效的氮源，NH_4Cl 或 NH_4NO_3 可以作为首要选择。

② 研究发现，纤维素在厌氧消化系统中的降解比较符合零次反应，即微晶纤维素在厌氧消化系统中是按一定的降解速率溶解到液相中的，其降解速率是个常数；合适的 C/N 可以有效提高甲烷产量和发酵效率，但却不能有效缩短厌氧消化时间；纤维素 2 个产气高峰所利用的氮源有所不同，第一个以 $NO_3^- \text{-N}$ 为主，第二个以 $NH_4^+ \text{-N}$ 为主。

③ 研究揭示，外加可溶性氮源（尤其是 $NO_3^- \text{-N}$）对厌氧消化体系中的反硝化细菌有一定的激发效应，可间接促进微晶纤维素的水解使产生更多的有机酸，有利于促进厌氧消化产甲烷的效率。

6.4.2　展望

本节分析了外源氮对纤维素厌氧消化的影响机制，但外源氮及其他营养元素对富含半纤维素类生物质固体废物厌氧消化产气的影响需要进一步研究。

7 研究实例——麦秸与精氨酸发酵菌渣混合发酵产气性能的研究

　　山东 MQ 公司采用发酵法生产 L-精氨酸，生产过程中会产生大量菌渣。菌渣中含有大量未被利用的营养物质，如蛋白质、氨基酸、多糖及 Fe、Ca、Zn、Mg 等微量元素和维生素等，有些营养成分甚至高于原生培养料。企业忽视菌渣的潜在价值，对菌渣没有深入研究，常采用常规板框压滤工艺脱水后，将其当作固体废物直接排放。但菌渣容易滋生有害微生物，危害生产环境并对环境造成新的污染。借助厌氧消化技术，菌渣若作为原料制取沼气，既能改善企业生产过程中大量菌渣不合理处理造成的资源浪费和环境污染，又能改善园区能源供应结构和卫生条件，提高固体废物的附加值。

　　根据现有文献的报道，针对菌渣厌氧消化产气性能的研究缺乏。且菌渣 pH 偏低，不在最适 pH 值范围内。为了帮助企业处理废渣带来的环境问题，同时实现菌渣中资源的回收、再利用，并取得可观的副产品经济效益，本研究选择批式试验验证，选取企业周围常见的麦秸与菌渣共发酵的形式，结合该企业现有的设施工艺开展相关基础研究。

7.1 试验设计

7.1.1 试验材料、仪器及试剂

7.1.1.1 试验材料

菌渣取自山东 MQ 公司生产车间，将大颗粒物质手动拣除，并于 4℃冰箱暂时保存（48h 以内装瓶试验）。

整株小麦秸秆取自滨州市城郊某农田（1 月份）。先用去离子水洗掉泥沙等杂质，再置于 40℃烘箱烘干至含水率≤5%，然后粉碎至 2～3cm，装密封袋室温保存备用，供后续试验使用。

厌氧污泥取自滨州市沾化某养猪场现运行的沼气池，4℃条件下保存待用。接种物使用前于 35℃装厌氧瓶预培养并脱气 7d，消除背景甲烷值[83]。菌渣、麦秸及接种物的特性如表 7-1 所示。

表 7-1 菌渣、麦秸及接种物的性质

参数	菌渣	麦秆	接种物
C[①]/%	34.19±0.80	46.54±0.30	28.44±0.80
N[①]/%	7.79±0.09	1.77±0.02	5.11±0.02
pH	3.4	ND[②]	7.8
TS[①]/%	34.50	91.54	9.76
VS[①]/%	30.39	85.72	5.43
VS/TS/%	88.09	93.64	55.64

① 基于样品 TS 值。

② 样品未检测。

7.1.1.2 试验材料

试验所用厌氧消化装置是根据排水集气法原理制作而成的，为实验室自行设计的可控型恒温厌氧消化装置，如图 7-1 所示。装置由 1 支 200mL 血清瓶（发酵瓶）、1 支 1000mL 血清瓶（排水集气瓶）和 1 支 1000mL 量筒（集水瓶）3 部分构成，各装置间用硅胶管连接。正式产气前，将准备好的加热装置放置于恒温水浴锅中，每个设置 3 个重复。温度波动范围为±2℃。

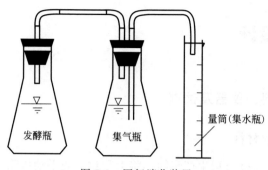

图 7-1　厌氧消化装置

7.1.2　试验设计

200mL 血清瓶，150mL 有效体积。底物 TS 值设为 5%❶。接种物体积 45mL。菌渣与麦秸按质量比分别设为 1∶1、2∶1、3∶1、4∶1 和 5∶0（纯菌渣），具体装料值，参见表 7-2。氮吹扫 5min 造成厌氧环境并密封，分别置于 25℃、30℃和 35℃中温条件❷下进行厌氧消化，并逐日记录产气量。所有试验均设 3 个平行试验。只含接种物和水的装置作为空白组用以矫正产气结果。纯菌渣组作为对照组。数据采集从接种后的第二天开始。每天手动摇瓶 2 次，每次 10min。

表 7-2　不同条件下装料值

项目	1∶1	2∶1	3∶1	4∶1	5∶0
菌渣/g	2.47	1.94	1.59	1.35	3.40
麦秸/g	2.47	0.97	0.53	0.34	0

7.1.3　分析与计算方法

7.1.3.1　分析方法

总固体（TS）采用干燥法［(105±5)℃］检测；挥发性固体（VS）采用 550～600℃灼烧法[85,86] 检测；C、N、H 含量，采用元素分析仪（德国 Elementar）检测；产气量，采用实验室自制的厌氧消化系统（见图 7-1）以排水法收集测量；pH 值，采用 pH 计测量。

---

❶ 菌渣 pH 值在 3.4 左右，根据预试验结果，随着含固率的提高，酸化过程会加快，产气受到严重抑制甚至停止产气。最适宜的含固率为 5%。
❷ 园区改造后计划用余热进行发酵罐体的加热。根据企业现有的工艺设施，试验选择中温发酵。

7.1.3.2 计算方法

$$含水率(\%)=\left(1-\frac{干物质的质量}{原始物质的质量+水的质量}\right)\times100\%$$

$$容积产气率[VLR,L/(L \cdot d)]=\frac{日产气量}{发酵瓶总容积\times发酵时间}^{[144]}$$

$$原料产气率(mL/g)=\frac{日产气量}{VS的质量}$$

7.2 菌渣与麦秸厌氧消化产气性能分析

7.2.1 日产气结果

不同条件下菌渣与麦秸混合厌氧消化的日产气结果如图 7-2 所示。由图 7-2 (a)、(b)、(c) 的结果可知：所有组均出现了两个产气高峰；相同消化温度下不同物料的混合比例对日产气结果的影响有所不同；不同温度对日产气高峰有不同程度的影响。在 25℃时 [图 7-2 (a)]，两个产气高峰的出现时间在 4～11d；在 30℃时 [图 7-2 (b)]，两个产气高峰的出现时间在 4～17d，且第二个产气高峰的出现时间有所推迟；在 35℃时 [图 7-2 (c)]，两个产气高峰的出现时间较 30℃时没有变化，均在 4～17d 陆续出现，但第二个产气高峰较 30℃时峰值有所降低。对比相同温度条件下不同底物混合比的产气结果，发现随着菌渣添加量的增加，第二个日产气高峰出现不同程度的滞后现象，峰值有所降低。

出现上述现象的原因，分析认为与消化底物的组成及消化温度有关。厌氧消化过程刚启动时，菌渣相对于麦秸易于被降解、利用，加之消化初期为厌氧消化的产酸阶段，pH 值偏低，会抑制消化过程，最终导致初始产气量较低。随着产气过程的进行，不同的厌氧消化温度对微生物的活性有不同程度的影响。根据文献报道的结果，中温（20～40℃）[16] 是厌氧消化最适宜的温度，微生物的活性相对较高。在水解酸化菌的作用下，麦秸中的纤维素、半纤维素以及未降解的部分菌渣作为微生物的底物继续被降解利用，但相比于产气初期，随着底物的消耗，第二个产气高峰与第一个相比均有所下降。与纯菌渣组相比，由于菌渣的存在，使得中温阶段随着温度的升高底物中有机酸的含量升高，会不同程度地抑制产气过程，导致第二个产气高峰出现差异，并对最终的产气结果有所影响。

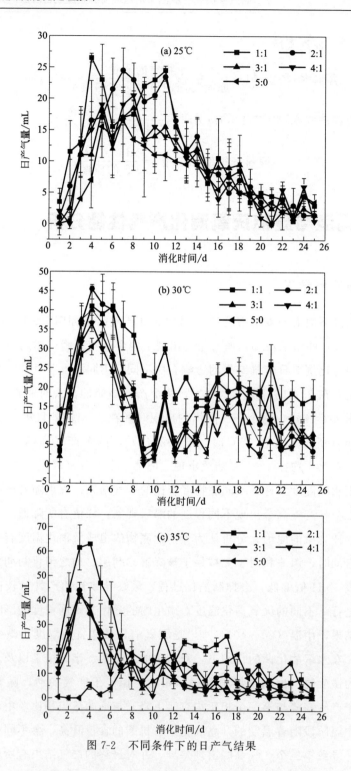

图 7-2　不同条件下的日产气结果

综合试验结果，发现不同温度下菌渣与麦秸的质量比在 1∶1 时产气效果最好，其次是 2∶1、3∶1、4∶1 和 5∶0。试验结果表明在一定消化温度条件下，麦秸的添加在一定程度上能提高菌渣的产气效果，并可有效抑制酸化问题造成的产气量偏低及产气高峰滞后的问题。

7.2.2 累积产气结果

不同条件下菌渣与麦秸混合厌氧消化的累积产气结果如图 7-3 所示。由图 7-3（a）、（b）、（c）的结果可知：添加麦秸后四组的产气量均呈上升趋势，且累积产气量均高于纯菌渣组；随着消化温度的升高，各组累积产气量也有不同程度的提高；不同消化温度和物料的混合比例对累积产气的结果均有影响。以 1∶1 组为例，相同消化温度条件下（以 25℃ 为例），1∶1 组（285mL）比纯菌渣组（184.5mL）的累积产气量提高了 54.47％；随着温度的升高，30℃ 和 35℃ 时的累积产气量分别为 596mL 和 566mL，与 25℃ 时 1∶1 组相比分别提高了 98.60％ 和 109.12％。综合不同条件下的产气结果，发现不同温度下菌渣与麦秸的质量比在 1∶1 时累积产气量最高，其次是 2∶1、3∶1、4∶1 和 5∶0。试验结果表明在一定消化温度条件下，麦秸的添加在一定程度上能提高菌渣的产气量。

7.2.3 容积产气率

容积产气率，是评价厌氧消化系统运行情况的重要指标。根据杜静的报道[144]，相同反应体积条件下容积产气率[L/（L·d）]越高，最终沼气产量越高。不同配比及温度条件下菌渣与麦秸的容积产气率结果如图 7-4 所示。由图 7-4 可知，所有产气组的容积产气率变化趋势与日产气趋势相似；不同消化温度和物料的混合比例对容积产气率的结果均有一定程度的影响。

与对照组相比，添加麦秸后各组的容积产气率均有不同程度的提高，消化过程中都是出现 2 个高峰，然后进入低谷，随之出现次高峰和次低谷。两个高峰的出现时间与图 7-2 中出现的规律一致，没有变化。随着温度的提高，相同配比条件下的消化底物的容积产气率也有对应的提高。综合不同条件下的容积产气率，1∶1 时容积产气率最高，其次是 2∶1、3∶1、4∶1 和 5∶0。

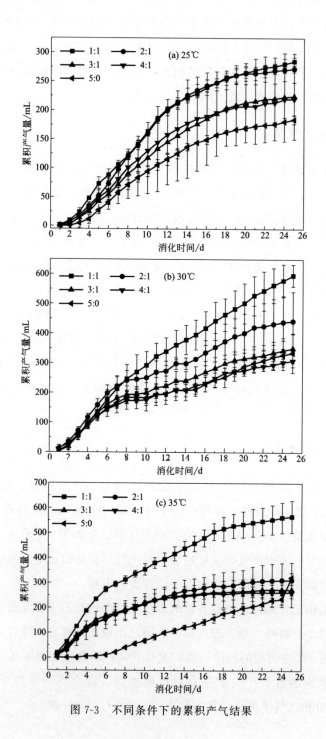

图 7-3　不同条件下的累积产气结果

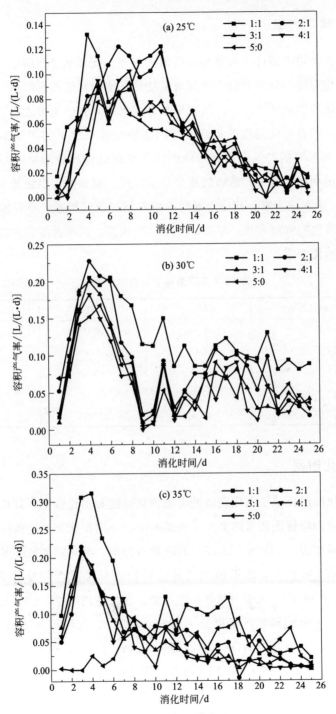

图 7-4　不同条件下的容积产气率

7.2.4 原料产气率

不同配比及温度条件下菌渣与麦秸的产气率情况如表 7-3 所示。由表 7-3 可知，不同消化温度和物料的混合比例对底物产气率的结果均有影响。相同的消化温度，随着菌渣质量的增加，产气率呈上升的趋势，其中纯菌渣组的单位有机质产气率最高；随着消化温度的提高，相同底物配比条件下的产气率不是一直提高，其中在 30℃ 时的产气率最高。分析认为出现这种现象的原因与原料的组成及可生物降解利用性有关。菌渣的成分是蛋白质、氨基酸、多糖及 Fe、Ca、Zn、Mg 等微量元素和维生素，相比于麦秸的特殊结构及纤维素、半纤维素组分，菌渣更容易被微生物降解利用，单位产气率会高很多。说明菌渣作为消化底物，可以用于厌氧消化产沼。

表 7-3　不同条件下底物的产气率　　　　单位：$mL/(g \cdot d)$

菌渣与麦秸的比例	25℃	30℃	35℃
1∶1	3.98	8.31	7.89
2∶1	7.65	12.43	8.78
3∶1	9.63	15.03	11.75
4∶1	12.54	17.61	14.96
5∶0	71.65	130.10	125.44

7.2.5 消化时间

厌氧消化时间反映了消化底物的厌氧消化性能和消化效率，其长短表明相同厌氧消化时间内降解底物量的多少。该试验中，不同配比及温度条件下菌渣与麦秸的消化时间如表 7-4 所列。以 25℃ 的纯菌渣为例，消化后的最终累积产气量为 184.5mL，前 10d 和 19d 的累积产气量分别约占总累积产气量的 50% 和 90%（用 T_{50}、T_{90}● 表示）；随着麦秸的添加及菌渣添加量的减少，4∶1 组、3∶1 组、2∶1 组和 1∶1 组的累积产气量分别为 220mL、224.5mL、272mL 和 285mL。与对照组相比，其他四组的 T_{50} 分别提前了 1d、1d、0d 和 1d，变化不大；而 T_{90} 分别提前了 1d、3d、1d 和 2d。随着消化温度的升高，添加麦秸的四组其消

● T_{50}、T_{90}：50%、90% 最大产气量是指累积产气量达到总累积产气量 50% 和 90% 时所需的时间[143,200]。

128

化时间较纯菌渣组均有不同程度的提前。综合结果，发现不同温度下菌渣与麦秸的质量比在 2∶1 时产气效果相对较好，其次是 3∶1、4∶1、1∶1 和 5∶0。消化时间的结果表明，麦秸的添加在一定程度上能有效提高菌渣的产气效率，在工程上能有效减少水力停留时间。

表 7-4　不同产气条件对厌氧消化时间的影响　　　　　单位：d

菌渣与秸秆的比例	25℃		30℃		35℃	
	T_{50}	T_{90}	T_{50}	T_{90}	T_{50}	T_{90}
1∶1	9	18	7	20	6	17
2∶1	9	16	7	19	6	16
3∶1	10	18	7	20	5	15
4∶1	9	17	7	20	5	15
5∶0	10	19	10	21	17	24

参考文献

［1］ Sawatdeenarunat C，Surendra K C，Takara D，et al. Anaerobic Digestion of Lignocellulosic Biomass：Challenges and Opportunities ［J］. Bioresource Technology，2015，178：178-186.

［2］ Lim J S，Manan Z A，Alwi S R W，et al. A Review on Utilisation of Biomass from Rice Industry as a Source of Renewable Energy ［J］. Renewable Sustainable Energy Review，2012，16：3084-3094.

［3］ Alastair J Ward，Phil J Hobbs，Peter J Holliman，et al. Optimisation of the Anaerobic Digestion of Agricultural Resources ［J］. Bioresource Technology，2008，（99）：7928-7940.

［4］ Hassan M，Ding W M，Bi J H，et al. Methane Enhancement Through Oxidative Cleavage and Alkali Solubilization Pre-Treatments for Corn Stover with Anaerobic Activated Sludge ［J］. Bioresource Technology，2016，200：405-412.

［5］ 张莉敏. 德国沼气产业发展现状及对我国的启示 ［J］. 中国农垦，2012，12：40-42.

［6］ Li K，Liu R H，Sun C. A Review of Methane Production from Agricultural Residues in China ［J］. Renewable and Sustainable Energy Reviews，2016，54：857-865.

［7］ Gu Y，Zhang Y L，Zhou X F. Effect of Ca(OH)$_2$ Pretreatment on Extruded Rice Straw Anaerobic Digestion ［J］. Bioresource Technology，2015，196：116-122.

［8］ 马小会，唐宜西，孙兆斌，等. 秸秆燃烧对京津冀地区空气质量的影响分析 ［J］. 华北电力科技，2016（12）：60-65.

［9］ 宋籽霖. 秸秆沼气厌氧发酵的预处理工艺优化及经济实用性分析 ［D］. 杨凌：西北农林科技大学，2013.

［10］ 吴楠. 秸秆连续厌氧消化厢式装置及试验研究 ［D］. 成都：中国农业科学研究院，2013.

［11］ 刘乃刚. 纤维素酶水解技术在大型秸秆沼气工程中的应用 ［J］. 农业工程，2013，3（5）：64-67.

［12］ Surendra K C，Takara Devin，Hashimoto Andrew G，Khanal Samir Kumar. 发展中国家的可再生能源：沼气的机遇和挑战 ［J］. 中国沼气，2015，33（1）：58-64.

［13］ 中华人民共和国国民经济和社会发展第十三个五年规划纲要 ［EB/OL］. 2016-03-16 ［2018-10-17］. http：//www. npc. gov. cn/wxzl/gongbao/2016-07/08/content_93756. htm.

［14］ 邱凌，刘芳，毕于运，等. 户用秸秆沼气技术现状与关键技术优化 ［J］. 中国沼气，2012，30（6）：52-58.

［15］ 李步青，代学猛，代永志，等. 农作物秸秆厌氧发酵制沼气工程设计研究 ［J］. 安徽农业科学，2015，43（9）：268-270.

［16］ （日）野池达也编著. 甲烷发酵 ［M］. 刘兵，薛咏梅译. 季民审. 北京：化学工业出版社，2014.

［17］ 王晓娇. 牲畜粪便与秸秆混合的厌氧发酵特性及工艺优化 ［D］. 杨凌：西北农林科技大学，2010.

［18］ Chandra R，Takeuchi H，Hasegawa T. Methane Production from Lignocellulosic Agricultural Crop Wastes：a Review in Context to Second Generation of Biofuel Production ［J］. Renewable and Sustainable Energy Reviews，2012，16：1462-1476.

［19］ Mabel Q，Liliana C，Claudia O，et al. Enhancement of Starting Up Anaerobic Digestion of Lignocellulosic Substrate：Fique's Bagasse as an Example ［J］. Bioresource Technology，2012：8-13.

［20］ 王苹. 组合预处理对玉米秸秆厌氧消化产气性能影响研究 ［D］. 北京：北京化工大学，2010.

［21］ 彭锋. 农林生物质半纤维素分离纯化、结构表征及化学改性的研究 ［D］. 广州：华南理工大学，2010.

［22］ 余紫苹，彭红，林姐，等. 植物半纤维素结构研究进展 ［J］. 高分子通报，2011 (6)：48-54.

［23］ Yue Z B，Yu H Q，Harada H，Li Y Y. Optimization of Anaerobic Acidogenesis of an Aquatic Plant Canna Indical，by Rumen Cultures ［J］. Water Research，2007，41：2361-2370.

［24］ Ye C，Jay J C，Kurt S C. Inhibition of Anaerobic Digestion Process：a Review ［J］. Bioresource Technology，2008，99：4044-4064.

［25］ 因萨姆. 黑里贝特，弗兰克-怀特. 英格丽德. 戈韦尔纳. 玛塔编. 微生物的作用——从废物到资源 ［M］. 鞠美庭，王平，黄访，等译. 北京：化学工业出版社，2012.

［26］ Irini A，Wendy S. Assessment of the Anaerobic Biodegradability of Macropollutants ［J］. Reviews in Environmental Science and Bio/Technology，2004，3：117-129.

［27］ Labatut R，Angenent L，Scott N. Biochemical Methane Potential and Biodegradability of Complex Organic Substrates ［J］. Bioresource Technology，2011，102：2255-2264.

［28］ Sören W，Michael N. Critical Comparison of Different Model Structures for the Applied Simulation of the Anaerobic Digestion of Agricultural Energy Crops ［J］. Bioresource Technology，2015，178：306-312.

［29］ Lindorfer H，Braun R，Kirchmayr R. Self-Heating of Anaerobic Digesters Using Energy Crops ［J］. Water Science Technology，2006，53：159-166.

［30］ Blumensaat F，Keller J. Modelling of Two-Stage Anaerobic Digestion Using the IWA Anaerobic Digestion Model No. 1 （ADM1）［J］. Water Research，2005，39：171-183.

［31］ Pohland F G，Ghosh S. Developments in Anaerobic Stabilization of Organic Wastes-the Two-Phase Concept ［J］. Environment Letter，1971，1：255-266.

［32］ 李佳佳. 作物秸秆沼气转化潜力及厌氧种泥活性保存规律研究 ［D］. 北京：中国农业大学，2014.

［33］ 崔文文，梁军锋，杜连柱，等. 中国规模化秸秆沼气工程现状及存在问题 ［J］. 中国农学通报，2013，29 (11)：121-125.

［34］ Girolamo G D，Grigatti Marco，Bertin Lorenzo，et al. Enhanced Substrate Degradation and Methane Yield with Maleic Acid Pre-Treats in Biomass Crops and Residues ［J］. Biomass and Bioenergy，2016，85：306-312.

［35］ 李宝玉，毕于运，高春雨，等. 我国农业大中型沼气工程发展现状、存在问题与对策措施 ［J］. 中国农业资源与区划，2010，31 (2)：57-61.

［36］ 陈佳一. 农作物秸秆厌氧发酵的接种物驯化特性研究 ［D］. 上海：复旦大学，2009.

［37］ 陈斯，熊承永. 再谈秸秆沼气发酵的碳氮比 ［J］. 中国沼气，2009，27 (2)：38-39.

［38］ 顾禹. 接种物对农作物秸秆厌氧发酵的影响 ［J］. 安徽农业科学，2013，41 (2)：754-756.

［39］ Quintero M，Castro L，Ortiz C，et al. Enhancement of Starting Up Anaerobic Digestion of Lignocellulosic Substrate：Fique's Bagasse as an Example ［J］. Bioresource Technology，2012，108：8-13.

［40］ Thouand G，Friant P，Bois F，et al. Bacterial Inoculum Density and Probability of Para-Nitrophenol Biodegradability Test Response ［J］. Ecotoxicology and Environmental Safety，1995，30：274-282.

［41］ Prochazka J，Mrazek J，Strosova L，et al. Enhanced Biogas Yield from Energy Crops with Rumen Anaerobic Fungi ［J］. Engineering Life Science，2012，12：343-351.

［42］ 季艳敏.不同预处理对小麦秸秆和玉米秸秆厌氧发酵产气特性研究 ［D］.杨凌：西北农林科技大学，2012.

［43］ 陈芬，李伟，刘奋武，等.3种畜禽粪便产气特性差异分析 ［J］.环境工程学报，2015，9（9）：4540-4546.

［44］ Álvarez J，Otero L，Lema J. A Methodology for Optimizing Feed Composition for Anaerobic Admixed of Agro-Industrial Wastes ［J］. Bioresource Technology，2010，101：1153-1158.

［45］ Xu F Q，Shi j，Lv W，et al. Comparison of Different Liquid Anaerobic Digestion Effluents as Inocula and Nitrogen Sources for Solid-State Batch Anaerobic Digestion of Corn Stover ［J］. Waste Management，2013，33：26-32.

［46］ Steinberg Lisa M，Regan John M. Response of Lab-Scale Mechanogenic Reactors Inculated from Different Sources to Organic Loading Rate Shocks ［J］. Bioresource Technology，2011，102（19）：8790-8798.

［47］ Bi S J，Hong X J，Wang G X，et al. Effect of Domestication on Microorganism Diversity and Anaerobic Digestion of Food Waste ［J］. Genetics Molecular Research Gmr，2016，15（3）：1-14.

［48］ Mata-Alvarez J，Dosta J，Romero-Güiza M S，et al. A Critical Review on Anaerobic Co-Digestion Achievements between 2010 and 2013 ［J］. Renewable and Sustainable Energy Reviews，2014，36：412-427.

［49］ 贾舒婷，张栋，赵建夫，等.不同预处理方法促进初沉/剩余污泥厌氧发酵产沼气研究进展 ［J］.化工进展，2013，32（1）：193-198.

［50］ Zheng Y，Zhao J，Xu F Q，et al. Pretreatment of Lignocellulosic Biomass for Enhanced Biogas Production ［J］. Progress in Energy and Combustion Science，2014，42：35-53.

［51］ 杨秋林.农业废弃物固体碱预处理过程中木素的结构表征及其脱除机理研究 ［D］.广州：华南理工大学，2013.

［52］ Fayyaz A S，Qaisar M，Naim R，et al. Co-Digestion，Pretreatment and Digester Design for Enhanced Methanogenesis ［J］. Renewable and Sustainable Energy Reviews，2015，42：627-642.

［53］ Li J H，Zhang R H，Muhammad A H S，et al. Enhancing Methane Production of Corn Stover Through a Novel Way：Sequent Pretreatment of Potassium Hydroxide and Steam Explosion ［J］. Bioresource Technology，2015，181：345-350.

［54］ 杨晓瑞，梁金花，徐文龙，等.固体碱强化水葫芦发酵产沼气的研究 ［J］.北京化工大学学报：自然科学版，2014，41（1）：83-89.

[55] Li J，Wei L Y，Duan Q，et al. Semi-Continuous Anaerobic Co-Digestion of Dairy Manure with Three Crop Residues for Biogas Production [J]. Bioresource Technology，2014，156：307-313.

[56] Joan M A，Joan D，Mace S，et al. Codigestion of Solid Wastes：a Review of Its Uses and Perspectives Including Modeling [J]. Critical Reviews in Biotechnology，2011，31（2）：99-111.

[57] Wang X J，Yang G H，Feng Y G，et al. Optimizing Feeding Composition and Carbon-Nitrogen Ratios for Improved Methane Yield During Anaerobic Co-Digestion of Dairy，Chicken Manure and Wheat Straw [J]. Bioresource Technology，2012，120：78-83.

[58] Zhang T，Mao C L，Zhai N N，et al. Influence of Initial pH on Thermophilic Anaerobic Co-Digestion of Swine Manure and Maize Stalk [J]. Waste Managenment，2015，35（7）：119-126.

[59] Maya-Altamira L，Baun A，Angelidaki I，Schmidt J E. Influence of Wastewater Characteristics on Methane Potential in Food-Processing Industry Wastewaters [J]. Water Research，2008，42：2159-2203.

[60] Xiao W，Yao W Y，Zhu J，et al. Biogas and CH_4 Productivity by Co-Digestion Swine Manure with Three Crop Residues as an External Carbon Source [J]. Bioresource Technology，2010，101：4042-4047.

[61] Shiplu S，Henrik B M，Annette B. Influence of Variable Feeding on Mesophilic and Thermophilic Co-Digestion of Laminariadigitata and Cattle Manure [J]. Energy Conversion and Management，2014，87：513-520.

[62] Wei S Z，Zhang H F，Cai X B，et al. Psychrophilic Anaerobic Co-Digestion of Highland Barley Straw with Two Animal Manures at High Altitude for Enhancing Biogas Production [J]. Energy Conversion and Management，2014，88：40-48.

[63] Zhou Q，Shen F，Yuan H R，et al. Minimizing Asynchronism to Improve the Performances of Anaerobic Co-Digestion of Food Waste and Corn Stover [J]. Bioresource Technology，2014，166：31-36.

[64] Li Y Q，Zhang R H，Liu G Q，et al. Comparison of Methane Production Potential，Biodegradability，and Kinetics of Different Organic Substrates [J]. Bioresource Technology，2013，149：565-569.

[65] 潘科，祝其丽，胡启春，等.农村联户型沼气装置特点与技术分析 [J].中国沼气，2010，28（3）：28-49.

[66] 冉毅，彭德全，王超，等.商品化沼气池分类及与传统沼气池比较分析 [J].中国沼气，2012，30（5）：51-54.

[67] 陈闽，邓良伟，信欣，等.上推流厌氧反应器连续干发酵猪粪产沼气试验研究 [J].环境科学，2012，33（3）：1033-1040.

[68] 罗涛，梅自力，施国中，等.沼气池热传递过程研究进展 [J].农机化研究，2015，1：246-249.

[69] 任济伟.单相与两相厌氧工艺发酵特性及微生物生态机理比较研究 [D].北京：中国农业大学，2015.

[70] 刘刘，郑丹，王兰，等.畜禽粪污处理沼气工程现状调研及问题分析 [J].第十二届中国猪业发展大会，2014：63-69.

[71] 杨浩，邓良伟，刘刘，等.搅拌对厌氧消化产沼气的影响综述 [J].中国沼气，2010，28（4）：3-18.

[72] 赵东方.高含固率污泥厌氧消化搅拌技术及水力特性研究 [D].北京：北京建筑工程学院，2012.

[73] 贺静，陈泾涛，李强，等.菌种驯化对废弃食用油脂中温厌氧消化的影响 [J].中国沼气，2015，33 (4)：26-30.

[74] 王悦超，雷中方.驯化接种对高固体浓度猪粪厌氧发酵的影响 [J].复旦学报：自然科学版，2012，51 (1)：118-124.

[75] 周玲，李文哲，石长青.厌氧发酵接种物的特性研究 [J].农机化研究，2004 (3)：152-156.

[76] 马力通，李珺，冷小云.泥炭生物甲烷化接种物的驯化 [J].煤炭转化，2016，39 (3)：77-81.

[77] 白云，李为，陈春，等.棉秆沼气发酵生物预处理及接种物的驯化 [J].微生物学通报，2010，37 (4)：513-519.

[78] 王晓华，李蕾，何琴，等.驯化对餐厨垃圾厌氧消化系统微生物群落结构的影响 [J].环境科学学报，2016，36 (12)：4421-4427.

[79] Bertin L，Bettini C，Zanarolig，et al. Acclimation of an Anaerobic Consortium Capable of Effective Biomethanization of Mechanically-Sorted Organic Fraction of Municipal Solid Waste Through a Semi-Continuous Enrichment Procedure [J].Journal of Chemical Technology & Biotechnology，2012，87 (9)：1312-1319.

[80] Chos S，Im W，Kim D，et al. Dry Anaerobic Digestion of Food Waste Under Mesophilic Conditions：Performance and Methanogenic Community Analysis [J].Bioresource Technology，2013，131：210-217.

[81] Griffin L P. Anaerobic Digestion of Organic Wastes：The Impact of Operating Conditions on Hydrolysis Efficiency and Microbial Community Composition [D].Fort Collins：Colorado State University，2012.

[82] 张存胜.厌氧发酵技术处理餐厨垃圾产沼气的研究 [D].北京：北京化工大学，2013.

[83] Liu Can，Li Huan，Zhang Yuyao，Chen Qingwu. Characterization of Methanogenic Activity During High-Solids Anaerobic Digestion of Sewage Sludge [J].Biochemical Engineering Journal，2016，(109)：96-100.

[84] 刘春红.超声波处理的污泥中温厌氧消化能量效率研究 [D].成都：西南交通大学，2007.

[85] APHA，AWWA，WEF. Standard Methods for the Examination of Water and Wastewater [M].19th ed. Washington DC，1995.

[86] 国家环境保护总局，《水和废水监测分析方法》编委会.水和废水检测分析方法 [M].第4版.北京：中国环境科学出版社，2002.

[87] Rao P V，Baral S S. Experimental Design of Mixture for the Anaerobic Co-Digestion of Sewage Sludge [J].Chemical Engineering Journal，2011，172：977-986.

[88] Liu L，Ju M T，Li W Z，et al. Cellulose Extraction from *Zoysia Japonica* Pretreated by Alumina-Doped MgO in AMMIMCl [J].Carbohydrate Polymers，2014，113 (26)：1-8.

[89] 苏有勇.沼气发酵检测技术 [M].北京：冶金工业出版社，2011.

[90] HJ 535—2009.

[91] HJ/T 399—2007.

[92] Zhao H Y，Li J，Li J J，Yuan X F，Piao R Z，Zhu W B. Organic Loading Rate Shock Impact on Operation and Microbial Communities in Different Anaerobic Fixed-Bed Reactors [J]. Bioresource Technology，2013，140：211-219.

[93] Michaud S，Bernet N，Buffière P，et al. Methane Yield as a Monitoring Parameter for the Start-Up of Anaerobic Fixed Film Reactors [J]. Water Research，2002，36：1385-1391.

[94] Gu Y，Chen X H，Liu Z G，et al. Effect of Inoculum Sources on the Anaerobic Digestion of Rice Straw [J]. Bioresource Technology，2014，158：149-155.

[95] Chae K J，Jang A，Yim S K，et al. The Effects of Digestion Temperature and Temperature Shock on the Biogas Yields from the Mesophilic Anaerobic Digestion of Swine Manure [J]. Bioresource Technology，2008，99：1-6.

[96] Ennouri H，Miladi B，Diaz S Z，et al. Effect of Thermal Pretreatment on the Biogas Production and Microbial Communities Balance During Anaerobic Digestion of Urban and Industrial Waste Activated Sludge [J]. Bioresource Technology，2016，214：184-191.

[97] Serrano A，Siles J A，Martín M A，et al. Improvement of Anaerobic Digestion of Sewage Sludge Through Microwave Pre-Treatment [J]. Journal of Environmenal Management，2016，177：231-239.

[98] Liu J B，Yu D W，Zhang J，et al. Rheological Properties of Sewage Sludge During Enhanced Anaerobic Digestion with Microwave-H_2O_2 Pretreatment [J]. Water Research，2016，98：98-108.

[99] 日本下水道协会.污泥消化，下水道设施计划——设计指南解说后编 [M]. 2001：381-411.

[100] Suárez A G，Nielsen K，Köhler S，et al. Enhancement of Anaerobic Digestion of Microcrystalline Cellulose（MCC）Using Natural Micronutrient Sources [J]. Brazilian Journal of Chemical Engineering，2014，31：393-401.

[101] Kumi P J，Henley A，Shana A，et al. Volatile Fatty Acids Platform from Thermally Hydrolysed Secondary Sewage Sludge Enhanced Through Recovered Micronutrients from Digested Sludge [J]. Water Research，2016，100：267-276.

[102] Yan Z Y，Song Z L，Li D，et al. The Effects of Initial Substrate Concentration，C/N Ratio，and Temperature on Solid-State Anaerobic Digestion from Composting Rice Straw [J]. Bioresource Technology，2015，177：266-273.

[103] 何艳峰.用于提高稻草厌氧消化性能的固态氢氧化钠化学预处理方法与机理研究 [D]. 北京：北京化工大学，2008.

[104] Pobeheim H，Munk B，Lindorfer H，et al. Impact of Nickel and Cobalt on Biogas Production and Process Stability During Semi-Continuous Anaerobic Fermentation of a Model Substrate for Maize Silage [J]. Water Research，2011，45：781-787.

[105] Demirel B，Scherer P. Trace Element Requirements of Agricultural Biogas Digesters During Biological Conversion of Renewable Biomass to Methane [J]. Biomass & Bioenergy，2011，35：992-998.

［106］ Zhao H Y，Li J，Li J J，et al. Organic Loading Rate Shock Impact on Operation and Microbial Communities in Different Anaerobic Fixed-Bed Reactors ［J］. Bioresource Technology，2013，140：211-219.

［107］ Chandra R，Takeuchi H，Hasegawa T. Methane Production from Lignocellulosic Agricultural Crop Wastes：a Review in Context to Second Generation of Biofuel Production ［J］. Renewable Sustainable Energy Review，2012，16：1462-1476.

［108］ 杨茜，鞠美庭，李维尊. 秸秆厌氧消化产甲烷的研究进展 ［J］. 农业工程学报，2016，32（14）：232-242.

［109］ Lay J J. Biohydrogen Generation by Mesophilic Anaerobic Fermentation of Microcrystalline Cellulose ［J］. Biotechnology Bioengy，2001，74：280-287.

［110］ Golkowska Katarzyna，Greger Manfred. Thermophilic Digestion of Cellulose Athigh-Organic Loading Rates ［J］. Engineering Life Science，2010，10（6）：600-606.

［111］ Switzenbaum M S，Giraldo-Gomez E，Hickey R F. Monitoring of the Anaerobic Methane Fermentation Process ［J］. Enzyme Microbioal Technology，1990，12：722-730.

［112］ Meng Y，Li S，Yuan H R，Zou D X，Liu Y P，Zhu B N. Evaluating Biomethane Production from Anaerobic Digestion Mono- and Co-Digestion of Food Waste and Floatable Oil（FO）Skimmed from Food Waste ［J］. Bioresource Technology，2015，185：7-13.

［113］ 王腾旭，马星宇，王萌萌，等. 中高温污泥厌氧消化系统中微生物群落比较 ［J］. 微生物学通报，2016，43（1）：26-35.

［114］ 陈灿. 剩余污泥厌氧消化产酸的强化和消化液中氮磷的去除 ［D］. 南京：南京理工大学，2014.

［115］ 杨洁. 碱和超声波预处理技术促进污泥厌氧消化效能及机理研究 ［D］. 天津：天津大学，2008.

［116］ Bruni E，Jensen A P，Angelidaki I. Comparative Study of Mechanical，Hydrothermal，Chemical and Enzymatic Treatment of Digested Biofibers to Improve Biogas Production ［J］. Bioresource Technology，2010，101（22）：8713-7.

［117］ Kumar P，Barrett D M，Delwiche M J，et al. Methods for Pretreatment of Lignocellulosic Biomass for Efficient Hydrolysis and Biofuel Production ［J］. Ind Eng Chem Res，2009，48：3713-3729.

［118］ Lau M W，Guanwan C，Dale B E. The Impacts of Pretreatment on the Fermentability of Pretreated Lignocellulosic Biomass：a Comparative Evaluation Between Ammonia Fiber Expansion and Dilute Acid Pretreatment ［J］. Biotechnol Biofuels，2009，2：30.

［119］ Passos Fabiana，Carretero Javier，Ferrer Ivet. Comparing Pretreatment Methods for Improving Microalgae Anaerobic Digestion：Thermal，Hydrothermal，Microwave and Ultrasound ［J］. Chemical Engineering Journal，2015，279：667-672.

［120］ Cheng Xiyu，Liu Chunzhao. Enhanced Biogas Production from Herbal-Extraction Process Residues by Microwave-Assisted Alkaline Pretreatment ［J］. Journal of Chemical Technology & Biotechnology，2010，85：127-131.

[121] Song Zilin, Yang Gaihe, Liu Xiaofeng, et al. Comparison of Seven Chemical Pretreatments of Corn Straw for Improving Methane Yield by Anaerobic Digestion [J]. PLOS ONE, 2014, 9 (4): 1-8.

[122] Yuan Hairong, Li Rongping, Zhang Yatian, et al. Anaerobic Digestion of Ammonia-Pretreated Corn Stover [J]. Biosystem Engineering, 2015, 129: 142-148.

[123] Liu Xiaoying, Zicari Steven M, Liu Guangqing, et al. Pretreatment of Wheat Straw with Potassium Hydroxide for Increasing Enzymatic and Microbial Degradability [J]. Bioresource Technology, 2015, 185: 150-157.

[124] Liu Shan, Ge Xumeng, Liew Lo Niee, et al. Effect of Urea Addition on Giant Reed Ensilage and Subsequent Methane Production by Anaerobic Digestion [J]. Bioresource Technology, 2015, 192: 682-688.

[125] Taherdanak M, Zilouei H. Improving Biogas Production from Wheat Plant Using Alkali Pretreatment [J]. Fuel, 2014, 115: 714-9.

[126] Zhu Jiying, Wan Caixia, Li Yebo. Enhanced Solid-State Anaerobic Digestion of Corn Stover by Alkali Pretreatm Ent [J]. Bioresource Technology, 2010, 101: 7523-7528.

[127] Mosier N, Wyman C, Dale B, et al. Features of Promising Technologies for Pretreatment of Lignocellulosic Biomass [J]. Bioresource Technology, 2005, 96, 673-686.

[128] Socha A M. et al. Efficient Biomass Pretreatment Using Ionic Liquids Derived from Lignin and Hemicellulose [J]. Proc Natl Acad Sci USA, 2014, 111: E3587-E3595.

[129] Xu F, Sun J, Konda N V S N M, Shi J. Transforming Biomass Conversion with Ionic Liquids: Process Intensification and the Development of a High-Gravity, One-Pot Process for the Production of Cellulosic Ethanol [J]. Energy and Environmental Science, 2016, 9: 1042-1049.

[130] Da Costa Sousa L, Chundawat S P, Balan V, et al. 'Cradle-to-Grave' Assessment of Existing Lignocellulose Pretreatment Technologies [J]. Curr. Opin. Biotechnol. 2009, 20, 339-347.

[131] Sun J, Murthy Konda N V S N, Shi J, Parthasarathi R, Dutta T. Enabled Process Integration for the Production of Cellulosic Ethanol Using Bionic Liquids [J]. Energy and Environmental Science, 2016, 9: 2822-2834.

[132] 庞春生. 玉米秸秆的固体碱活性氧蒸煮机制及其浆料表面特性的研究 [D]. 广州: 华南理工大学, 2012.

[133] Yuan H R, Li R P, Zhang Y T, et al. Anaerobic Digestion of Ammonia-Pretreated Corn Stover [J]. Biosystems Engineering, 2015, 129: 142-148.

[134] You Z, Wei T Y, Cheng J J. Improving Anaerobic Codigestion of Corn Stover Using Sodium Hydroxide Pretreatment [J]. Energy & Fuels, 2014, 28: 549-554.

[135] Moniruzzaman M, Ono T. Separation and Characterization of Cellulose Fibers from Cypress Wood Treated with Ionic Liquid Prior to Laccase Treatment [J]. Bioresource Technology, 2013, 127: 132-137.

[136] 孙付保, 王亮, 谭玲, 等. 木质纤维素糖平台基质组成结构的分析表征技术研究进展 [J]. 化工进

展，2014，33（4）：883-895.

[137] Zhu Y M，Lee Y Y，Blander R T. Optimization of Dilute-Acid Pretreatment of Corn Stover Using High-Solids Percolation Reactor [J]. Appl Biochem Biotechnol，2005，121：325-327.

[138] Liu L，Ju M T，Li W Z，et al. Dissolution of Cellulose from AFEX-Pretreated Zoysia Japonica in AMMIMCl with Ultrasonic Vibration [J]. Carbohydrate Polymers，2013，98（1）：412-420.

[139] 罗娟，张玉华，陈羚，等.CaO 预处理提高玉米秸秆厌氧消化产沼气性能 [J]. 农业工程学报，2013，29（15）：192-199.

[140] Egorov V，Smirnova S，Formanovsky A，et al. Dissolution of Cellulose in Ionic Liquids as a Way to Obtain Test Materials for Metal-Ion Detection [J]. Analytical and Bioanalytical Chemistry，2007，387（6）：2263-2269.

[141] Mansikkamaki P，Lahtinen M，Rissanen K. Structural Changes of Cellulose Crystallites Induced by Mercerisation in Different Solvent Systems；Determined by Powder X-Ray Diffraction Method [J]. Cellulose，2005，12：233-242.

[142] Galbe M，Zacchi G. Pretreatment of Lignocellulosic Materials for Efficient Bioethanol Production [J]. Biofuels，2007，108：41-65.

[143] Liu C M，Yuan H R，Zou D X，et al. Improving Biomethane Production and Mass Bioconversion of Corn Stover Anaerobic Digestion by Adding NaOH Pretreatment and Trace Elements [J]. Hindawi Publishing Corporation，2015：1-9.

[144] 杜静，陈广银，黄红英，等.温和湿热预处理对稻秸理化特性及生物产沼气的影响 [J]. 中国环境科学，2016，36（2）：485-491.

[145] Palatsi J，Laureni M，Andrés M V，et al. Strategies for Recovering Inhibition Caused by Long Chain Fatty Acids on Anaerobic Thermophilic Biogas Reactors [J]. Bioresource Technology，2009，100：4588-4596.

[146] 肖潇.提高木质纤维素类生物质厌氧消化性能的碱预处理方法研究 [D]. 北京：北京化工大学，2013.

[147] Zhu J，Wan C，Li Y. Enhanced Solid-State Anaerobic Digestion of Corn Stover by Alkaline Pretreatment [J]. Bioresource Technology，2010，101：7523-7528.

[148] Kho Way Cern，Rabaey Korneel，Vervaeren Han. Low Temperature Calcium Hydroxide Treatment Enhances Anaerobic Methane Production from（Extruded）Biomass [J]. Bioresource Technology，2015，176：181-188.

[149] Reilly Matthew，Dinsdale Richard，Guwy Alan. Enhanced Biomethane Potential from Wheat Straw by Low Temperature Alkaline Calcium Hydroxide Pre-Treatment [J]. Bioresource Technology，2015，189：258-265.

[150] Jung Heejung，Baek Gahyun，Kim Jaai，et al. Mild-Temperature Thermochemical Pretreatment of Green Macroalgalbiomass：Effects on Solubilization，Methanation，and Microbialcommunity Structure [J]. Bioresource Technology，2016，199：326-335.

[151] 郑万里. 热碱预处理对秸秆厌氧发酵的影响 [D]. 北京：中国农业大学，2004.

[152] Monlau F, Barakat A, Steyer J P, et al. Comparison of Seven Types of Thermo-Chemical Pretreatments on Thestructural Features and Anaerobic Digestion of Sunflower Stalks [J]. Bioresource Technology, 2012, 120: 241-247.

[153] Peces M, Astals S, Mata-Alvarez J. Effect of Moisture on Pretreatment Efficiency for Anaerobic Digestion of Lignocellulosessubstrates [J]. Waste Management, 2015, 46: 189-196.

[154] Passos Fabiana, Garcia Joan, Ferrer Ivet. Impact of Low Temperature Pretreatment on the Anaerobic Digestion of Microalgal Biomass [J]. Bioresource Technology, 2013, 138: 79-86.

[155] Liao Xiaocong, Li Huan, Zhang Yuyao, et al. Accelerated High-Solids Anaerobic Digestion of Sewage Sludge Using Low-Temperature Thermal Pretreatment [J]. International Biodeterioration & Biodegradation, 2016, 106: 141-149.

[156] Zheng Mingxia, Li Xiujin, Li Laiqing, et al. Enhancing Anaerobic Biogasification of Corn Stover Through Wet State NaOH Pretreatment [J]. Bioresource Technology, 2009, 100: 5140-5145.

[157] Koyama Mitsuhiko, Yamamoto Shuichi, Ishikawa Kanako, Ban Syuhei, Toda Tatsuki. Ehancing Anaerobic Digestibility of Lignin-Rich Submerged Macrophyte Using Thermochemical Pre-Treatment [J]. Biochemical Engineering Journal, 2015, 99: 124-130.

[158] 牛文娟. 主要农作物秸秆组成成分和能源利用潜力 [D]. 北京：中国农业大学，2015.

[159] Zheng Yi, Zhao Jia, Xu Fuqing, et al. Pretreatment of Longo-Cellulosic Biomass for Enhanced Biogas Production [J]. Process in Energy and Combustion Science, 2014, 42: 35-53.

[160] Yang Liangcheng, Xu Fuqing, Ge Xumeng, et al. Challenges and Strategies for Solid-State Anaerobic Digestion of Lingo-Cellulosic Biomass [J]. Renewable and Sustainable Energy Reviews, 2015, 44: 824-834.

[161] 潘晓辉. 微波预处理玉米秸秆的工艺研究 [D]. 哈尔滨：哈尔滨工业大学，2007.

[162] Sarks C, Bals B, Wynn J, et al. Scaling Up and Benchmarking of Ethanol Production from Pelletized Pilot Scale AFEX Treated Corn Stover Using *Zymomonas Mobilis* 8b [J]. Biofuels, 2016, 7: 253-262.

[163] Kazi F K, Fortman J A, Anex R P, et al. Techno-Economic Comparison of Process Technologies for Biochemical Ethanol Production from Corn Stover [J]. Fuel, 2010, 89: S20-S28.

[164] Eggeman T, Elander R T. Process and Economic Analysis of Pretreatment Technologies [J]. Bioresource Technology, 2005, 96: 2019-2025.

[165] Dhar Bipro Ranjan, Nakhla George, Ray Madhumita B. Techno-Economic Evaluation of Ultrasound and Thermal Pretreatments for Enhanced Anaerobic Digestion of Municipal Waste Activated Sludge [J]. Waste Management, 2012, 32: 542-549.

[166] Ma Jingwei, Zhao Baisuo, Frear Craig, et al. Methanosarcina Domination in Anaerobic Sequencing Batch Reactor at Short Hydraulic Retention Time [J]. Bioresource Technology, 2013, 137: 41-50.

[167] 王健，赵玲，田萌萌，等. 组合碱预处理对玉米秸秆厌氧消化的影响 [J]. 太阳能学报，2014，35

（12）：2577-2581.

[168] 石贤礼，何宁，邓旭. 碱-组合工艺预处理剩余污泥研究进展 [J]. 生物技术，2012，22（6）：89-93.

[169] Li Lin，Chen Chang，Zhang Ruihong，et al. Pretreatment of Corn Stover for Methane Production with the Combination of Potassium Hydroxide and Calcium Hydroxide [J]. Energy & Fuels，2015，29：5841-5846.

[170] Song Zilin，Yang Gaihe，Han Xinhui，et al. Optimization of the Alkaline Pretreatment of Rice Straw for Enhanced Methane Yield [J]. Biomed Research International，2013，2013（8）：968692.

[171] Zou Shuzhen，Wang Hui，Wang Xiaojiao，et al. Application of Experimental Design Techniques in the Optimization of the Ultrasonic Pretreatment Time and Enhancement of Methane Production in Anaerobic Co-Digestion [J]. Applied Energy，2016，179：191-202.

[172] 杨茜. 可渗透固定化硫酸盐还原菌反应墙的碳源缓释规律与可利用性研究 [D]. 芜湖：安徽工程大学，2014.

[173] 李建，刘庆玉，郎咸明，等. 响应面法优化沼液预处理玉米秸秆条件的研究 [J]. 可再生能源，2016，34（2）：292-297.

[174] 李芳. 混合原料厌氧发酵工艺的响应面优化研究 [D]. 杨凌：西北农林科技大学，2013.

[175] Li Yanjun，Merrettig-Bruns Ute，Strauch Sabine，et al. Optimization of Ammonia Pretreatment of Wheat Straw for Biogas Production [J]. Chemical Technology and Biotechnology，2015，90（1）：130-138.

[176] Paleologou Irene，Vasiliou Areti，Grigorakis Spyrosg，et al. Optimisation of a Green Ultrasound-Assisted Extraction Process for Potato Peel (*Solanum Tuberosum*) Polyphenols Using Bio-Solvents and Response Surface Methodology [J]. Biomas Conversion and Biorefinery，2016，6（3）：289-299.

[177] Martínez-Conesa E J，Ortiz-Martínez V M，Salar-García M J，et al. A Box-Behnken Design-Based Model for Predicting Power Performance in Microbial Fuel Cells Using Wastewater [J]. Chemical Engineering Communications，2017，204（1）：97-104.

[178] Saini Roli，Kumar Pradeep. Optimization of Chlorpyrifos Degradation by Fenton Oxidation Using CCD and ANFIS Computing Technique [J]. Journal of Environmental Chemical Engineering，2016，4（3）：2952-2963.

[179] Semwal Surbhi，Gaur Ruchi，Mukherjee Suman，et al. Structural Features of Dilute Acid Pretreated *Acacia Mangium* and Impact of Sodium Sulfite Supplementation on Enzymatic Hydrolysis [J]. ACS Sustainable Chemistry & Engineering，2016，4（9）：4635-4644.

[180] Xia L，Wang J，Sun X，et al. Pretreatment Condition Optimization of Raw Materials for Biogas Fermentation and Its Effect Research [J]. Journal of Pure and Applied Microbiology，2014，8（1）：493-500.

[181] Jeong Tae-SU，Um Byung-Hwan，Kim Jun-Seok，et al. Optimizing Dilute-Acid Pretreatment of Rapeseed Straw for Extraction of Hemicelluloses [J]. Applied Biochemistry and Biotechnology，

2010，161（1）：22-33.

[182] Álvarez J A，Otero L，Lema J M. A Methodology for Optimising Feed Composition for Anaerobic Co-Digestion of Agro-Industrial Wastes [J]. Bioresource Technology，2010，101：1153-1158.

[183] Ye J Q，Li D，Sun Y M，Wang G H，Yuan Z H. Improved Biogas Production from Rice Straw by Co-Digestion with Kitchen Waste and Pig Manure [J]. Waste Management，2013，33：2653-2658.

[184] Chen G Y，Zheng Z，Chang Z Z，Ye X M，Luo Y. Effects of Nitrogen Sources on Anaerobic Digestion Process of Wheat Straw [J]. China Environmental Science，2011，31：73-77.

[185] Pia tek M，Lisowski A，Kasprzycka A，Lisowska B. The Dynamics of an Anaerobic Digestion of Crop Substrates with an Unfavourable Carbon to Nitrogen Ratio [J]. Bioresource Technology，2016，216：607-612.

[186] Girolamo G D，Grigatti M，Barbanti L，Angelidaki I. Effects of Hydrothermal Pre-Treatments on Giant Reed (Arundodonax) Methane Yield [J]. Bioresource Technology，2013，147：152-159.

[187] Tabassum M R，Xia Ao，Murphy Jerry D. The Effect of Seasonal Variation on Biomethane Production from Seaweed and on Application as a Gaseous Transport Biofuel [J]. Bioresource Technology，2016，209：213-219.

[188] Noike G，Endo J E，Chang J I，Yaguchi J I，Matsumoto J. Characteristics of Carbohydrate Degradation and the Rate-Limiting Step in Anaerobic Digestion [J]. Biotechnology Bioengineering，1985，27：1482-1489.

[189] Golkowska K，Greger M. Anaerobic Digestion of Maize and Cellulose Under Thermophilic and Mesophilic Conditions—A Comparative Study [J]. Biomass & Bioenergy，2013，56：545-554.

[190] 李筱茵. 不同碳氮比对垃圾填埋单元腐殖质及微生物的影响 [D]. 长春：吉林农业大学，2016.

[191] 王庆峰. 厌氧发酵体系内小分子底物调控的研究 [D]. 北京：北京化工大学，2013.

[192] Xia Y，Cai L，Zhang T，Fang Herbert H P. Effects of Substrate Loading and Co-Substrates on Thermophilicanaerobic Conversion of Microcrystalline Cellulose Andmicrobialcommunities Revealed Using High-Throughputsequencing [J]. International Journal of Hydrogen Energy，2012，37：13652-13659.

[193] Buswell A M，Mueller H F. Mechanism of Methane Fermentation [J]. Ind Eng Chem，1952，44：550-552.

[194] Astals S，Batstone D J，Mata-Alvarez J，Jensen P D. Identification of Synergistic Impacts During Anaerobic Co-Digestion of Organic Wastes [J]. Bioresource Technology，2014，169：421-427.

[195] Boon，N，Windt W D，Verstraete W，et al. Evaluation of Nested PCR-GGE (Denaturing Gradient Gel Electrophoresis) with Group-Specific 16S rRNA Primers for the Analysis of Bacterial Communities from Different Wastewater Treatment Plants [J]. FEMS Micrology Ecology，2002，39：101-112.

[196] Meng Y，Mumme J，Xu H，Wang K J. A Biologically Inspired Variable-pH Strategy for Enhancing Short-Chainfatty Acids (SCFAs) Accumulation in Maize Straw Fermentation [J]. Bioresource Tech-

nology，2016，201：329-336.

[197] Ruiz G，Jeison D，Chamy R. Development of Denitrifying and Methanogenic Activities in USB Reactors for the Treatment of Wastewater：Effect of COD/N Ratio [J]. Process Biochemistry，2006，41：1338-1342.

[198] Lima S Islas，Thalasso F，Gomez-Hernandez J. Evidence of Anoxic Methane Oxidation Coupled to Denitrification [J]. Water Research，2004，38：13-16.

[199] Hendriksen H V，Ahring B K. Combined Removal of Nitrate and Carbon in Granular Sludge：Substrate Competition and Activities [J]. Antonie van Leeuwenhoek，1996，69（1）：33-39.

[200] Akunna J C，Bizeau C，Moletta R. Denitrification in Anaerobic Digesters：Possibilities and Influence of Wastewater COD/N-NO$_x$ Ratio [J]. Environmental Technology，1992，13（9）：825-836.

[201] 陈广银，郑正，常志州，等.不同氮源对麦秆厌氧消化过程的影响 [J].中国环境科学，2011，31（1）：73-77.

[202] 刘占英.绵羊瘤胃主要纤维降解细菌的分离鉴定 [D].呼和浩特：内蒙古农业大学，2008.

[203] 王欢莉.山羊瘤胃原虫与细菌之间氮周转规律与机制的研究 [D].扬州：扬州大学，2011.

[204] Yang W，Shimanouchi T，Wu S J，et al. Investigation of the Degradation Kinetic Parameters and StructureChanges of Microcrystalline Cellulose in Subcritical Water [J]. Energy Fuels，2014，28：6974-6980.

[205] Speece R E.产业废水处理中厌氧生物技术.松井三郎，高岛正信译.东京：技法堂出版，2005.